Inhalt

Die Waldameisen

1.1 Körperbau einer Arbeiterin 4
1.2 Die Geschlechter und Kasten 8
1.3 Kreislauf und Atmung 12
1.4 Nervensystem und Verdauungstrakt 14
1.5 Die Drüsen 16
1.6 Körperbau der Geschlechter und Kasten 18

Nestgründung

2.1 Die Paarungszeit 20
2.2 Der Hochzeitsflug 24
2.3 Begattung und Nistplatzsuche 28
2.4 Gründung des Nestes 32

Der Nestbau

3.1 Das Baumaterial 36
3.2 Architektur des Nestes 40
3.3 Der Jahrezyklus | Frühjahr 44
3.4 Sommer 46
3.5 Herbst 48
3.6 Winter 50

Die Kundschafter

4.1 Erkundung des Waldes 52
4.2 Feinde der Ameisen 54
4.3 Der Nahrungsfund 60
4.4 Visuelle Orientierung 62
4.5 Himmelsorientierung 64
4.6 Rückkehr zum Nest 66

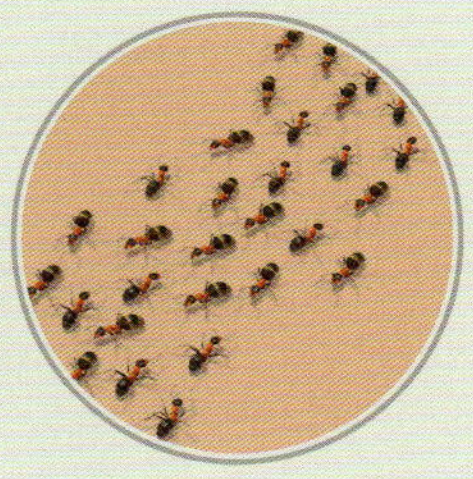

Straßenbildung

5.1 Rekrutierung von Helferinnen 68
5.2 Entstehung einer Ameisenstraße 76

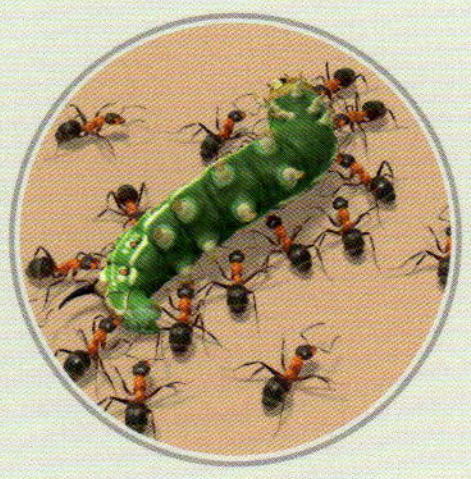

Ernährung

6.1 Die Baumlauskolonie 82
6.2 Feinde und Konkurrenten 86
6.3 Pflanzliche Nahrung 90
6.4 Tierische Nahrung 92
6.5 Verteilung der Nahrung 94
6.6 Entsorgung der Abfälle 96

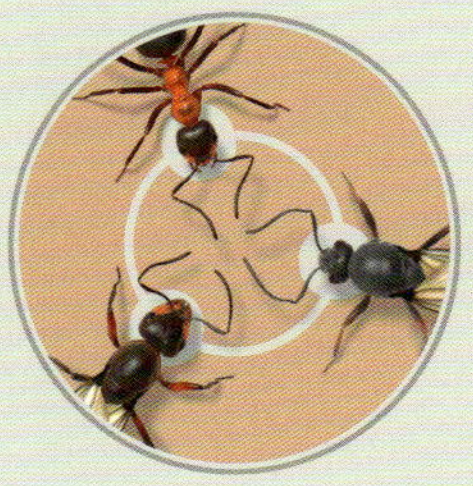

Arbeitsteilung

7.1 Entstehung der Geschlechter und Kasten 98
7.2 Das Leben der Geschlechtstiere 106
7.3 Das Leben der Arbeiterinnen 108

Nestwechsel

8.1 Der Angriff 112
8.2 Verteidigung des Nestes 116
8.3 Erkundung der Umgebung 120
8.4 Alternative Nistplätze 122
8.5 Umzug des Volkes 124

1.1 Körperbau einer Arbeiterin

Der größte Teil der Bevölkerung eines Ameisennestes besteht aus den ungeflügelten Arbeiterinnen. Ihre äußere Erscheinung ist sehr gleichförmig. Ein wichtiges Erkennungsmerkmal ist die rot-braun-schwarze Färbung.

Vorderbrust (Prothorax)
Hinterhaupt
Wange (Gena)
Obere Vorderbrust (Pronotum)
Stirnaugen (Ocellen)
Stirnrinne
Stirnleiste
Stirnfeld
Antennengrube
Komplexauge
Einzelauge (Ommatidium)
Untere Vorderbrust (Prosternum)
Hüfte (Coxa)
Schiene (Tibia)
Putzkamm (Tibialsporn)
Schenkel (Femur)
Schenkelring (Trochanter)

Mittel- und Hinterbrust (Meso- / Metathorax)
Hinterleib (Abdomen)
Obere Mittelbrust (Mesonotum)
Atemöffnung (Thorakales Stigma)
Obere Hinterbrust (Metanotum)
Nachrücken (Epinotum), zum Hinterleib gehörend
Atemöffnung (Abdominales Stigma)
Stielchenglied mit Schuppe (Petiolus)
Untere Mittelbrust (Mesosternum)
Untere Hinterbrust (Metasternum)
Bauchplatten (Sternite)

Gaster
Rückenschilde *(Tergite)*
Anus *(Acidoporus)*

1.2 Die Geschlechter und Kasten

Ein Waldameisenvolk besteht aus drei Formen von Ameisen: Männchen und Weibchen, wobei die Weibchen in die Kasten Königin und Arbeiterin untergliedert sind. Jede Form ist auf bestimmte Tätigkeiten im Nest spezialisiert.

Die zahlreichen Arbeiterinnen sind das wichtigste Glied in einem Waldameisenvolk und bewältigen gemeinsam alle anfallenden Aufgaben, wie die Brutpflege, Jagd, Verteidigung oder den Nestbau. Die jungen Arbeiterinnen beschränken sich zunächst auf Aufgaben innerhalb des Nestes. Die erfahrenen Ameisen sind für die gefahrvollen Arbeiten außerhalb des Nestes zuständig. Die Arbeiterinnen pflanzen sich in der Regel nicht fort, sodass die Pflege der eierlegenden Königin sowie der Brut allerhöchste Priorität hat.

Die männlichen Waldameisen erscheinen ausschließlich während der Paarungszeit. Ihr einziger Lebenszweck ist die Begattung der Jungköniginnen während des Hochzeitsfluges. Sie nehmen nur wenige Tage am Sozialleben im Nest teil. Weil sie sich nicht selbst ernähren können, sind sie auf die Nahrungsversorgung durch die Arbeiterinnen angewiesen.

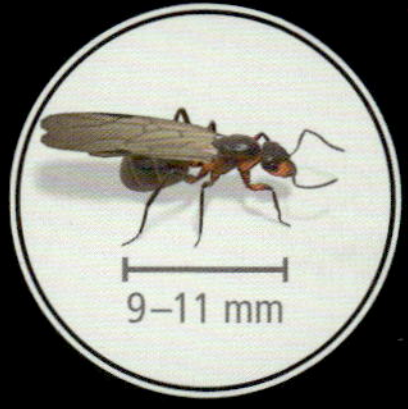

Die Königinnen sind das Herz eines Ameisenvolks, denn sie sorgen für seinen Fortbestand. Nach der gefahrvollen Nestgründung verbringen sie den größten Teil ihres langen Lebens tief im Nestinneren und produzieren stetig neue Eier. Dabei sind sie auf eine intensive Pflege durch die Arbeiterinnen angewiesen. Die Anwesenheit einer Königin ist die Grundlage für den Zusammenhalt des Ameisenvolks. Anhand ihres einzigartigen Geruches, der durch die Arbeiterinnen im Volk verbreitet wird, können die Ameisen zwischen Freund und Feind unterscheiden.

1.3 Kreislauf und Atmung

Ameisen verfügen über einen offenen Blutkreislauf, der den Körper mit Nährstoffen versorgt. Die Tracheen, ein verzweigtes Netzwerk aus Röhren, dienen der Sauerstoffversorgung.

(1) Die Hämolymphe ist das „Blut“ von Ameisen. Die Flüssigkeit füllt den Körper aus und versorgt ihn mit Nährstoffen. Zudem transportiert sie Hormone und nimmt Abfallprodukte auf. Der Herzschlauch samt Aorta sorgt für die Zirkulation der Hämolymphe. Durch die Herzöffnungen *(Ostien)* gelangt die Hämolymphe in die Herzkammern. Die Herzkammern ziehen sich am hinteren Ende beginnend, zusammen und drücken sie durch die Aorta in Richtung Kopf.

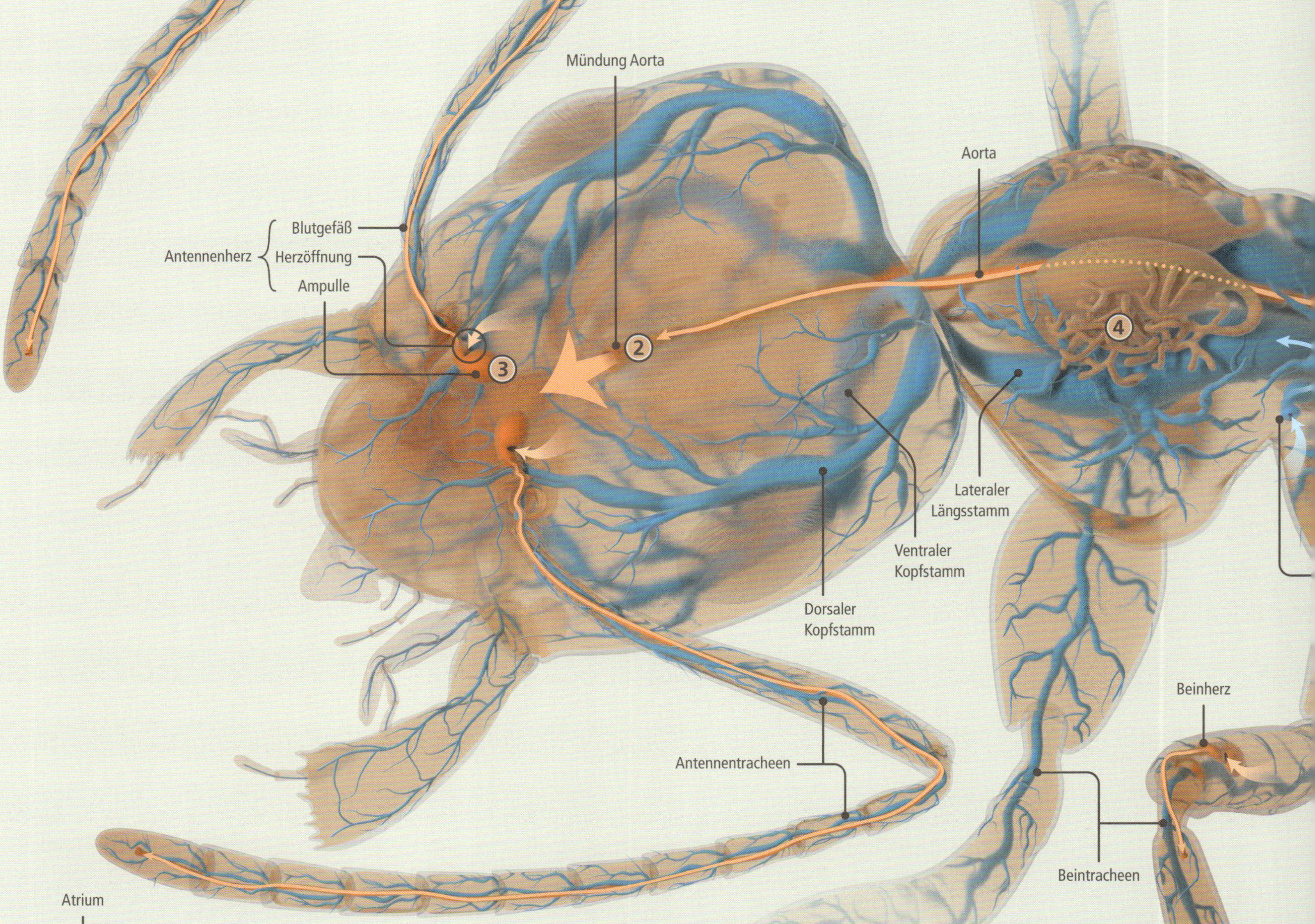

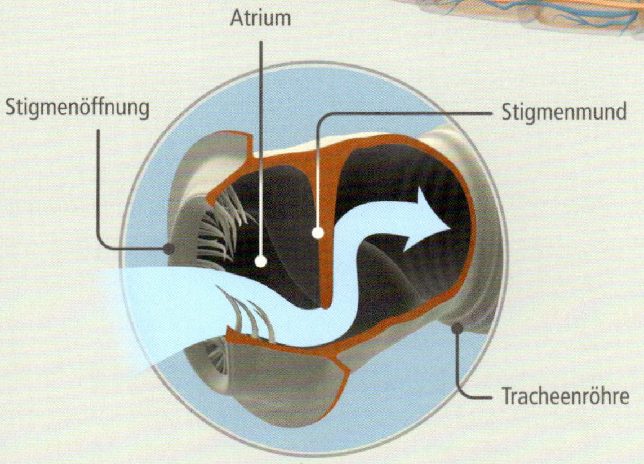

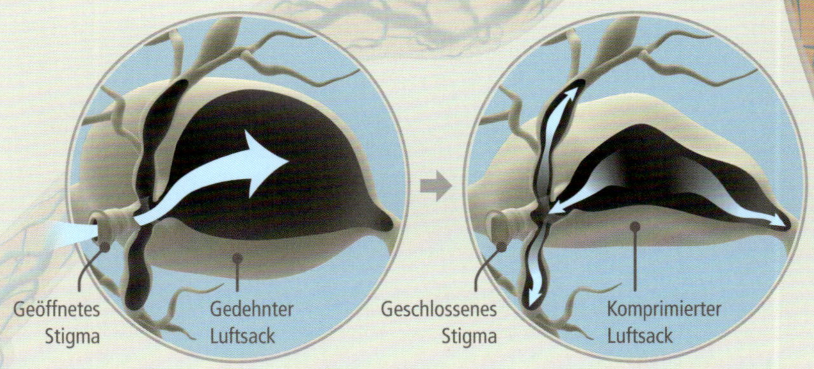

(1) Durch Öffnungen in der Haut, die Stigmen, gelangt Sauerstoff in den Ameisenkörper. Am Eingang dieser Öffnungen verhindern Haare und ein Schließmechanismus das Eindringen von Wasser und Fremdkörpern. Die Stigmen münden in das Tracheensystem, ein Netzwerk aus feinen Röhrchen, das den gesamten Körper durchzieht. Durch Diffusion verteilt sich der Sauerstoff im Körper.

(2) Neben den starren Röhrchen besteht das Tracheensystem auch aus flexiblen Luftsäcken. Die Luftsäcke werden durch Muskel- oder Körperbewegung und durch Druckveränderung der Hämolymphe gedehnt oder zusammengedrückt. Rhythmisch kontraktierend unterstützen sie den Transport und die Verteilung des Sauerstoffs im Körper.

(2) Am Gehirn endet die Aorta. Die Hämolymphe strömt in die Kopfkapsel und füllt sie aus. Durch ständig nachströmende Hämolymphe wird im Kopf ein Druck aufgebaut, wodurch die Hämolymphe in die Gliedmaßen und die hinteren Körperregionen gedrückt wird.

(3) Die sekundären Herzen, kleine Versionen des Herzschlauches, unterstützen die Verteilung der Hämolymphe in die Antennen und Beine. Bei den geflügelten Geschlechtstieren befinden sich an den Flügelansätzen ebenfalls sekundäre Herzen.

(4) Die Organe werden von der Hämolymphe umflossen. Durch fingerähnliche Fortsätze *(Drüsenschläuche)* vergrößert sich ihre Kontaktfläche mit der Hämolymphe. Die Organe entziehen der Hämolymphe Nährstoffe und Wasser und geben Abfallstoffe an sie ab.

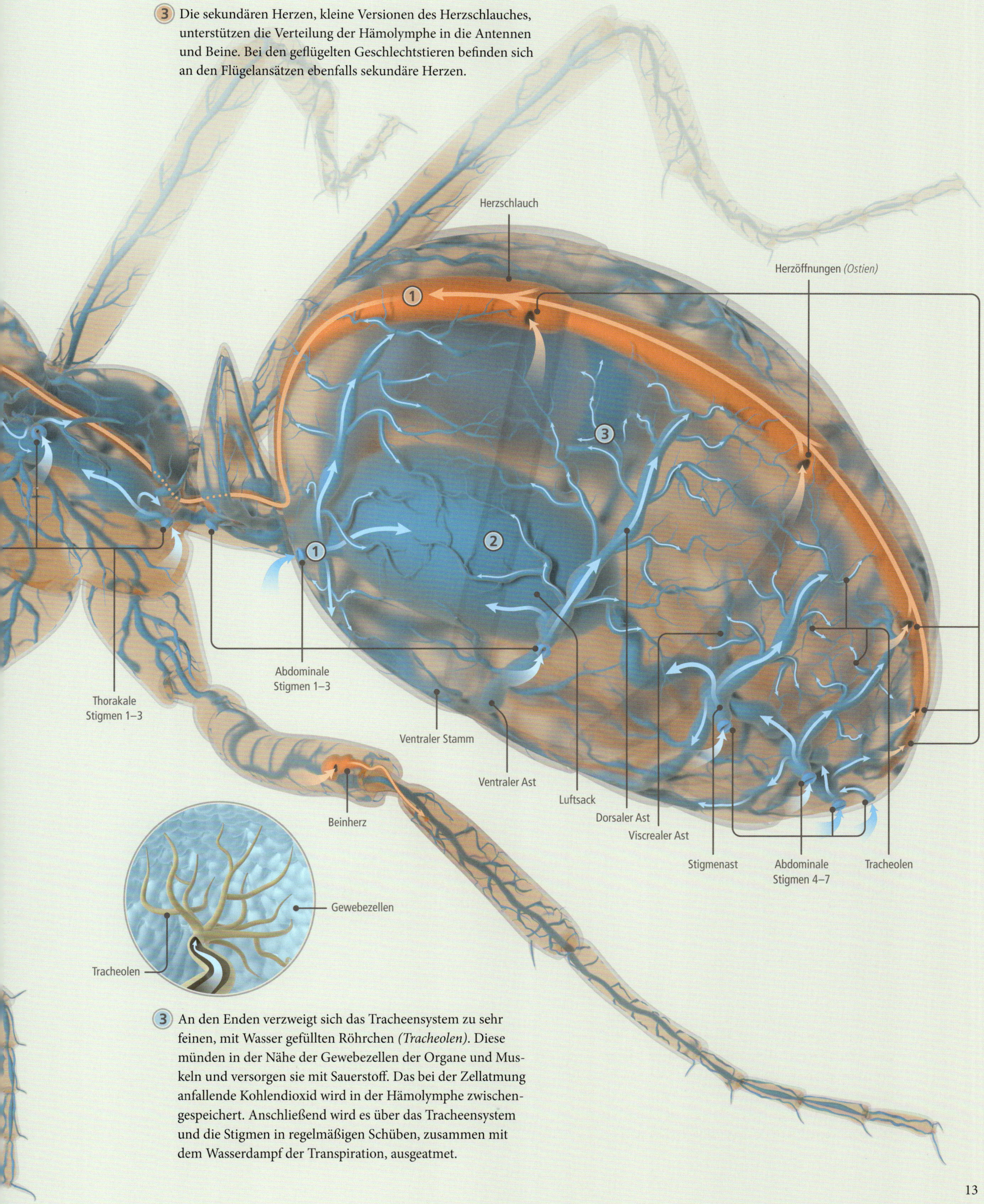

(3) An den Enden verzweigt sich das Tracheensystem zu sehr feinen, mit Wasser gefüllten Röhrchen *(Tracheolen)*. Diese münden in der Nähe der Gewebezellen der Organe und Muskeln und versorgen sie mit Sauerstoff. Das bei der Zellatmung anfallende Kohlendioxid wird in der Hämolymphe zwischengespeichert. Anschließend wird es über das Tracheensystem und die Stigmen in regelmäßigen Schüben, zusammen mit dem Wasserdampf der Transpiration, ausgeatmet.

1.4 Nervensystem und Verdauungstrakt

Ameisen verfügen über ein dezentralisiertes Nervensystem und einen sozialen Magen.

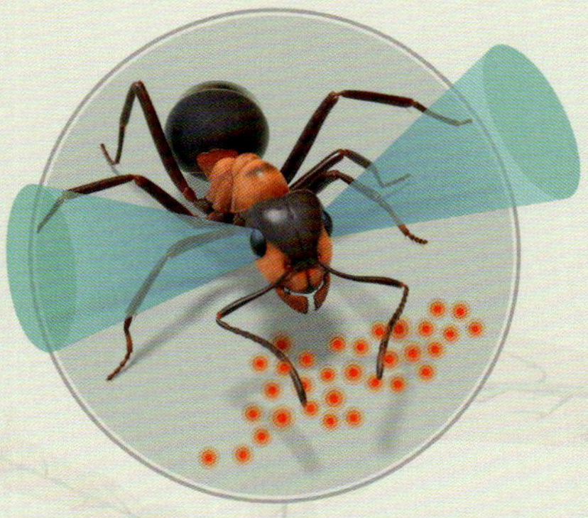

(1) Die bei Ameisen gut ausgeprägten Riechlappen verarbeiten die Geruchsinformationen der Antennen. Die Sehlappen sind ebenfalls gut ausgebildet und verarbeiten die optischen Reize der Augen.

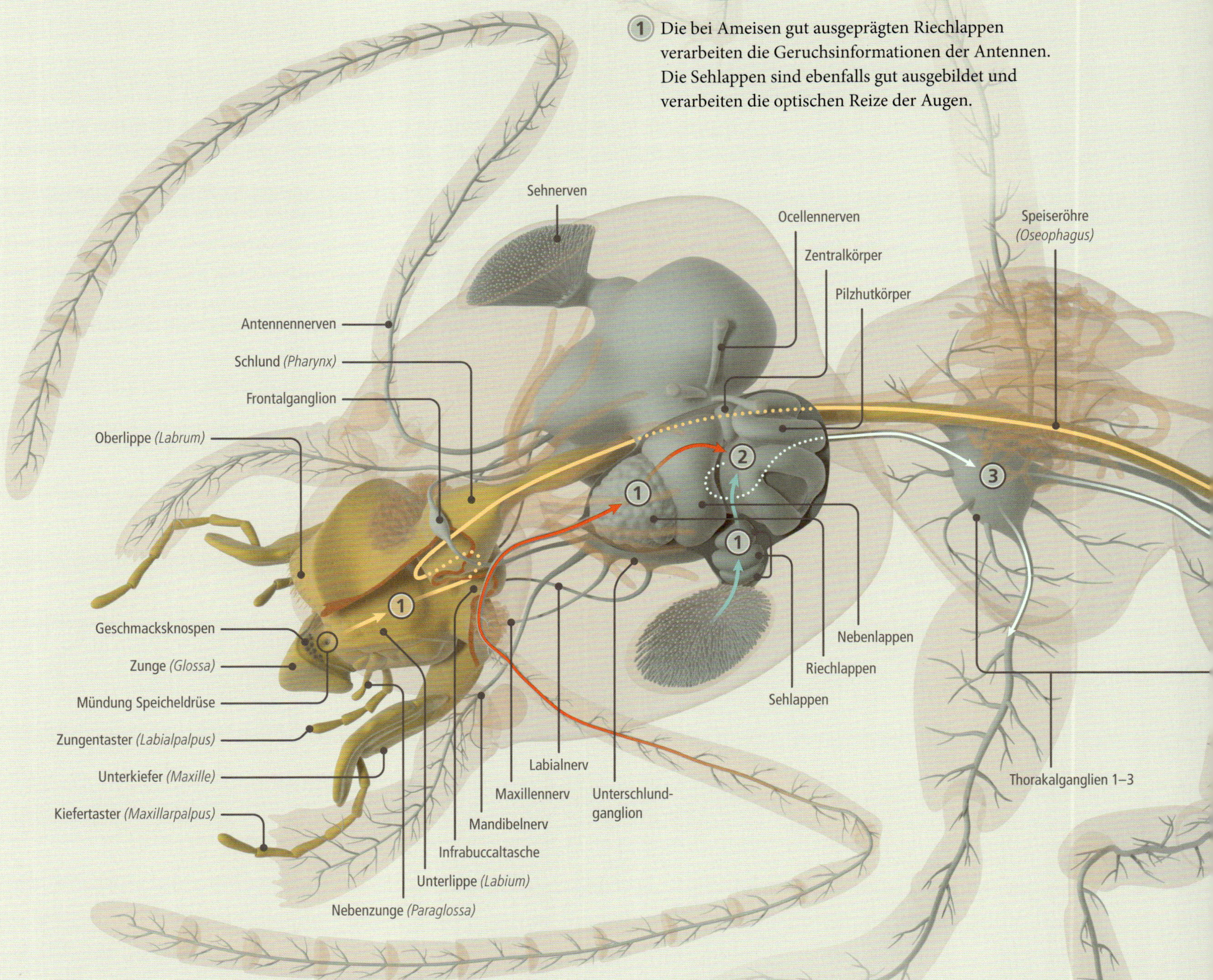

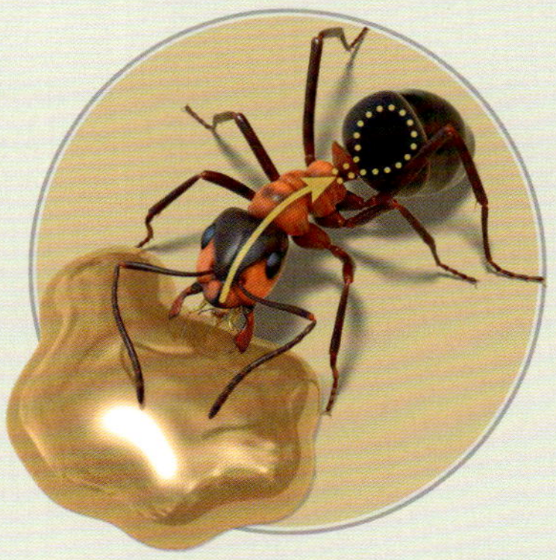

(1) Mithilfe der beißend-leckenden Mundwerkzeuge nehmen Ameisen flüssige oder weiche Nahrung auf. Die Geschmacksknospen und die fühlerähnlichen Anhängsel der Zunge schmecken die Nahrung, bevor sie sie zum Mund führen. Vor dem Hinunterschlucken werden im Schlund alle festen Fremdkörper aus der Nahrung gefiltert. Sie werden in der Infrabuccaltasche gesammelt und anschließend ausgespuckt.

(2) Jede aufgenommene Nahrung wird im sozialen Magen, dem Kropf, zwischengespeichert. Bei Bedarf wird ein Teil des Inhalts hervorgewürgt und an Nestgefährtinnen weitergegeben. Der Inhalt eines gefüllten Kropfes reicht aus, um ca. 80 Ameisen mit Nahrung zu versorgen. Die gefütterten Ameisen geben anschließend auf dieselbe Art Nahrung weiter, bis jede Ameise im Nest genügend Nahrung erhält.

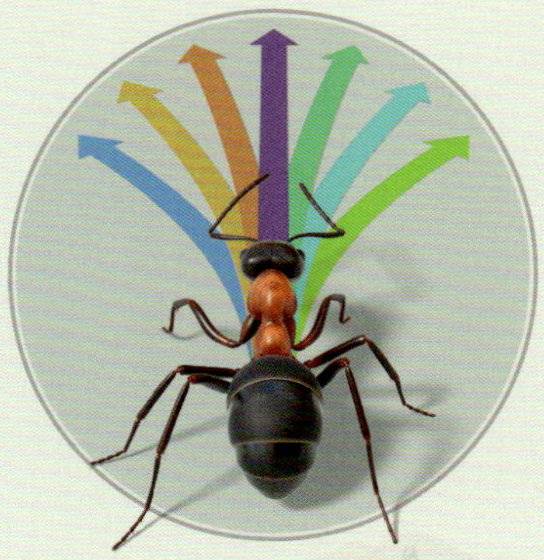

(2) Die Pilzkörper und der Zentralkörper sind der Sitz des Gedächtnisses und des Lernens. Sie bilden den assoziativen Teil des Gehirns. Die Sinnesreize der Augen und der Antennen werden in den Pilzkörpern zusammengeführt und zueinander in Beziehung gesetzt. Hier entscheidet die Ameise, wie sie auf Sinnesreize reagiert.

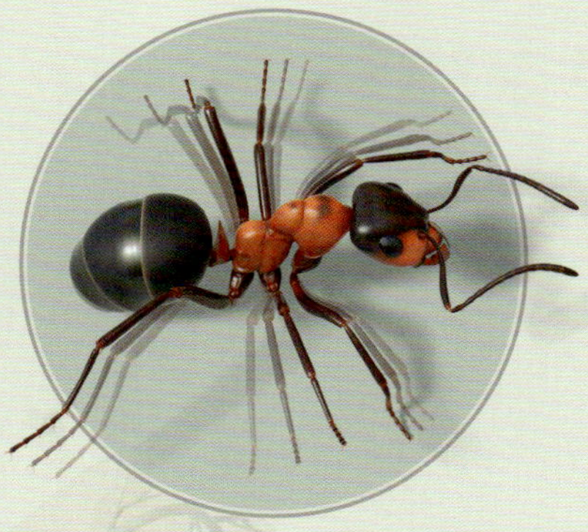

(3) Vom Gehirn aus durchzieht das Bauchmark, eine Kette von paarigen Ganglien, den Körper der Ameise. Jedes Ganglienpaar ist für die Steuerung bestimmter Körperregionen zuständig und übersetzt die Kommandos des Gehirns in Bewegungs- und Kontrollimpulse. Die Brustganglien steuern die drei Beinpaare, während die Ganglien im Hinterleib u. a. die Verdauungsorgane steuern.

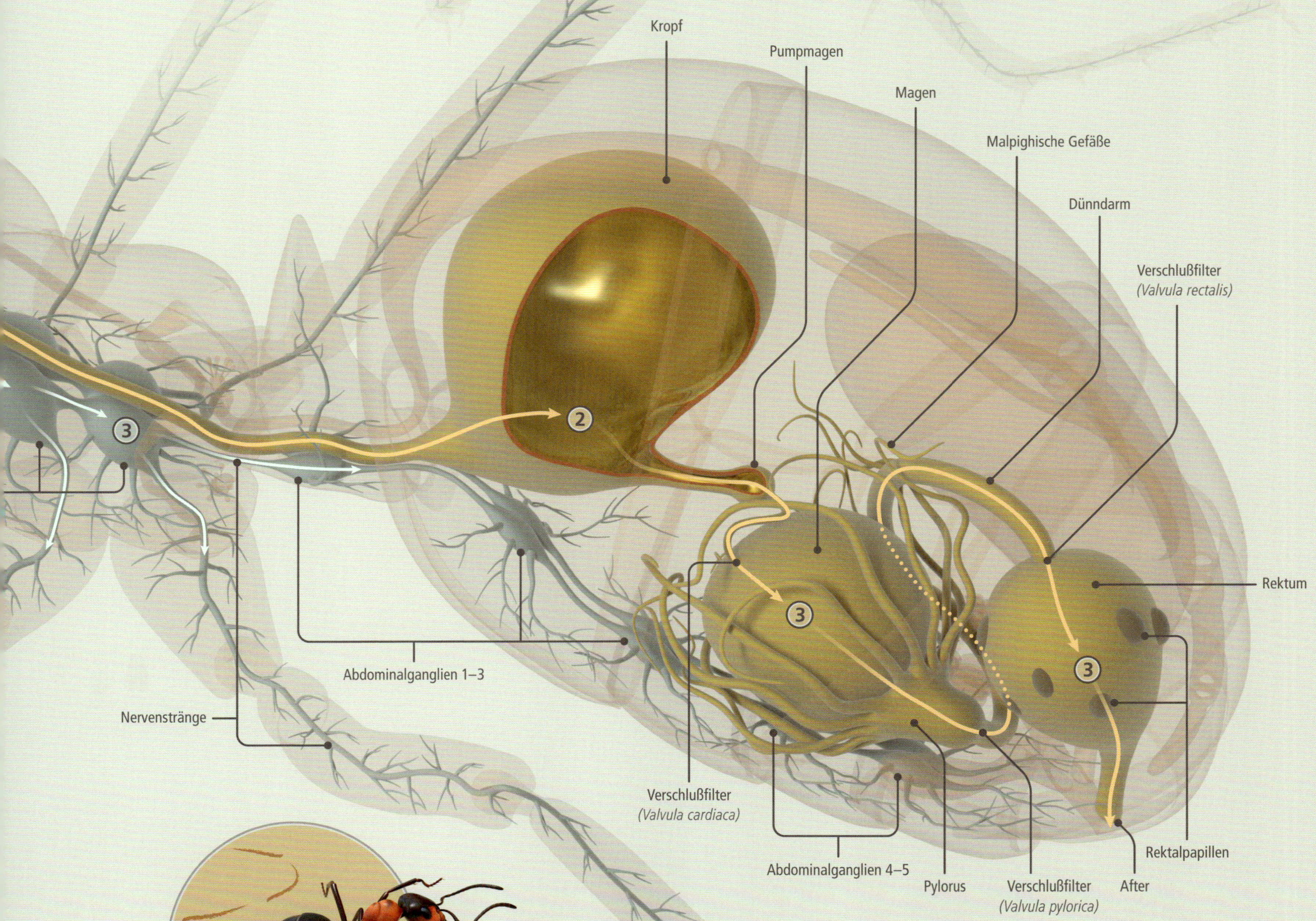

(3) Erst wenn der Kropf fast geleert ist, wird der Pumpmagen aktiv und befördert die Nahrung für den Eigenbedarf in den persönlichen Magen. Dort werden der Nahrung die Nährstoffe entzogen. Die unverdaulichen Reste gelangen in den Pylorus, der über die Malpighischen Gefäße auch dem Blut Giftstoffe entzieht. Von dort gelangen die Abfallstoffe über den Dünndarm zum Rektum, wo Papillen den Abfallstoffen zusätzlich Wasser entziehen. Der abgegebene Kot dient schließlich als Duftstoff zum Spurenlegen.

1.5 Die Drüsen

Die von Drüsen produzierten Pheromone regeln die Körperfunktionen und das Gemeinschaftsleben der Ameisen.

1 Die Vorderschlunddrüse gibt ihr Sekret in den Mundraum ab. Ein Teil davon gelangt durch die Speiseröhre in den Kropf. Das Sekret ist möglicherweise für die Verdauung oder die Fütterung der Brut von Bedeutung.

2 Die beiden Maxillardrüsen geben ihr Sekret in den Mundraum ab. Die genaue Funktion der Drüsen ist bislang unbekannt. Möglicherweise spielt sie bei der Fütterung der Brut eine Rolle.

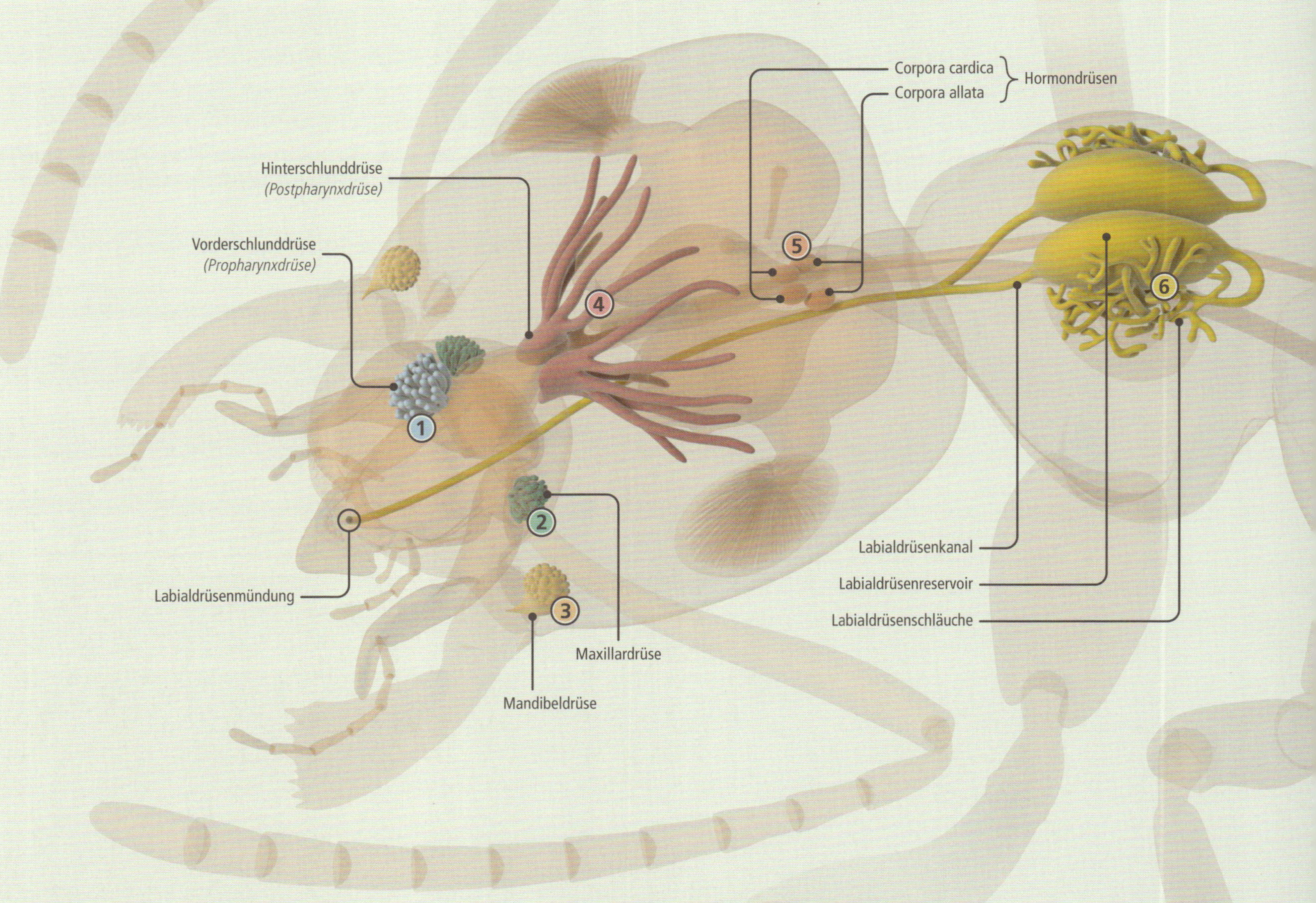

3 Die beiden Mandibeldrüsen geben ihr Sekret in den Mundraum ab. Möglicherweise sind diese Drüsen für das Einspeicheln von Eiern oder beim Körperbelecken von Bedeutung.

4 Die paarige Hinterschlunddrüse produziert Speichel, den sie in die Speiseröhre abgibt. Möglicherweise ist diese Drüse für die Verdauung oder die Aufzucht von Geschlechtstieren von Bedeutung.

5 Die Sekrete der Hormondrüsen werden direkt in die Hämolymphe abgegeben und verteilen sich im Körper. Die Hormone wirken auf die inneren Organe ein und regulieren zahlreiche Körperfunktionen sowie Stoffwechselvorgänge.

6 Die paarige Labialdrüse produziert ein Nährsekret. Arbeiterinnen verfüttern das Sekret als ausschließliche Nahrung an die Königin und die Geschlechtstierlarven. Die Menge des verfütterten Sekrets reguliert die Fruchtbarkeit der Königin. Zudem hat das Sekret wesentlich Anteil daran, dass sich weibliche Geschlechtstierlarven auch tatsächlich zu Königinnen entwickeln.

(7) Die Epinotaldrüse gibt ihr Sekret an der Außenseite des Körpers ab. Dort wird es mit den Hinterbeinen auf der Körperoberfläche verstrichen. Bei Arbeiterinnen hat das Sekret eine antiseptische Wirkung und schützt sie vor Infektionen. Bei Königinnen produziert diese Drüse den Königinnenduft. Arbeiterinnen nehmen bei der Pflege der Königin das Sekret auf und verbreiten es durch Körperkontakt an alle Ameisen im Nest. Anhand des Sekrets können sich Arbeiterinnen als Angehörige desselben Ameisenvolks identifizieren.

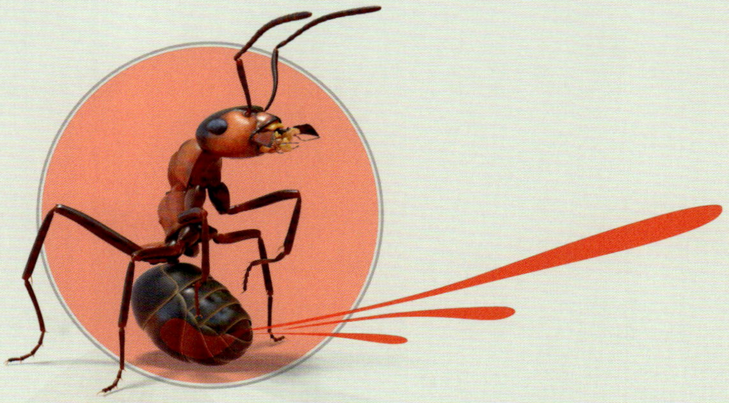

(8) Das ätzende Sekret der Giftdrüse dient den Arbeiterinnen als biologische Waffe. Es wird, entweder über größere Entfernung oder direkt, in die Wunden des Gegners gespritzt. Es dringt in den Körper des Opfers ein, zersetzt Gewebe und besitzt eine lähmende Wirkung. Der Geruch des Sekrets hat auch eine Alarmwirkung. Nehmen Arbeiterinnen den Geruch wahr, geraten sie in Aufregung und laufen zur Kampfstelle.

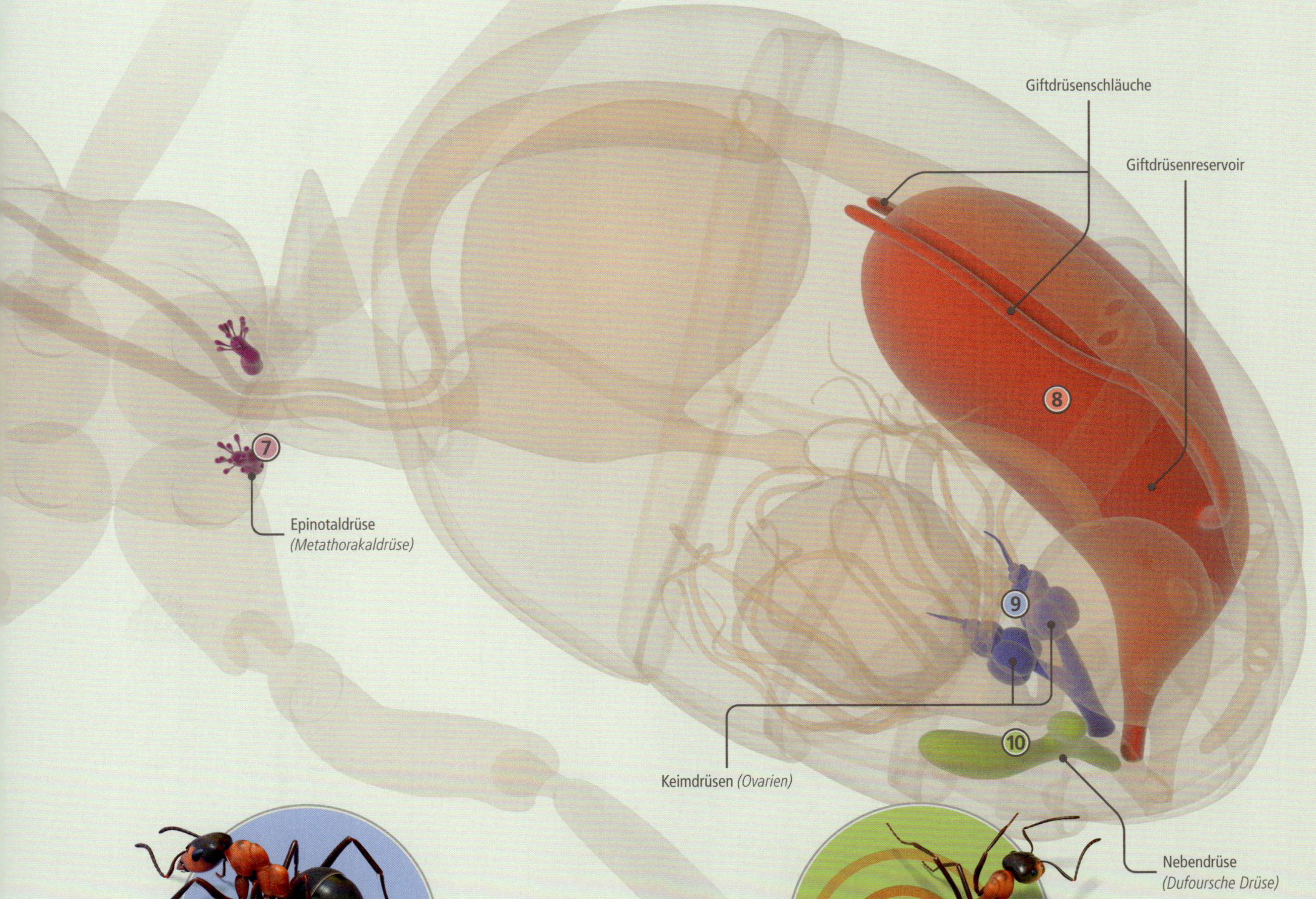

(9) Die Keimdrüsen produzieren bei den Geschlechtstieren Eier. Bei den Arbeiterinnen sind die Drüsen deutlich kleiner und nur bei jungen Arbeiterinnen funktionsfähig. Wenn die Königin des Nestes stirbt, können junge Arbeiterinnen selbst Eier legen. Weil sich Arbeiterinnen nicht paaren, sind ihre Eier unbefruchtet. Aus diesen Eiern entwickeln sich ausschließlich männliche Ameisen.

(10) Das alleinige Sekret der Nebendrüse dient als Nahrungsalarm und veranlasst andere Arbeiterinnen dazu, das Nest zur Nahrungssuche zu verlassen. Wird das Sekret zusammen mit Ameisensäure verspritzt, verstärkt es seine Alarmwirkung. Bei Königinnen dient das Sekret als Sexualduftstoff, mit dem sie beim Hochzeitsflug die Männchen anlocken.

1.6 Körperbau der Geschlechter und Kasten

In der äußeren und inneren Gestalt der Ameisen spiegelt sich das Aufgabenspektrum der Geschlechter und Kasten wider. Die Arbeiterinnen durchlaufen in ihrem Leben zwei Lebensphasen mit unterschiedlichen Tätigkeiten. Die Funktion ihrer Organe passt sich dem an. Die männlichen und weiblichen Geschlechtstiere sind hingegen ganz auf die Fortpflanzung spezialisiert.

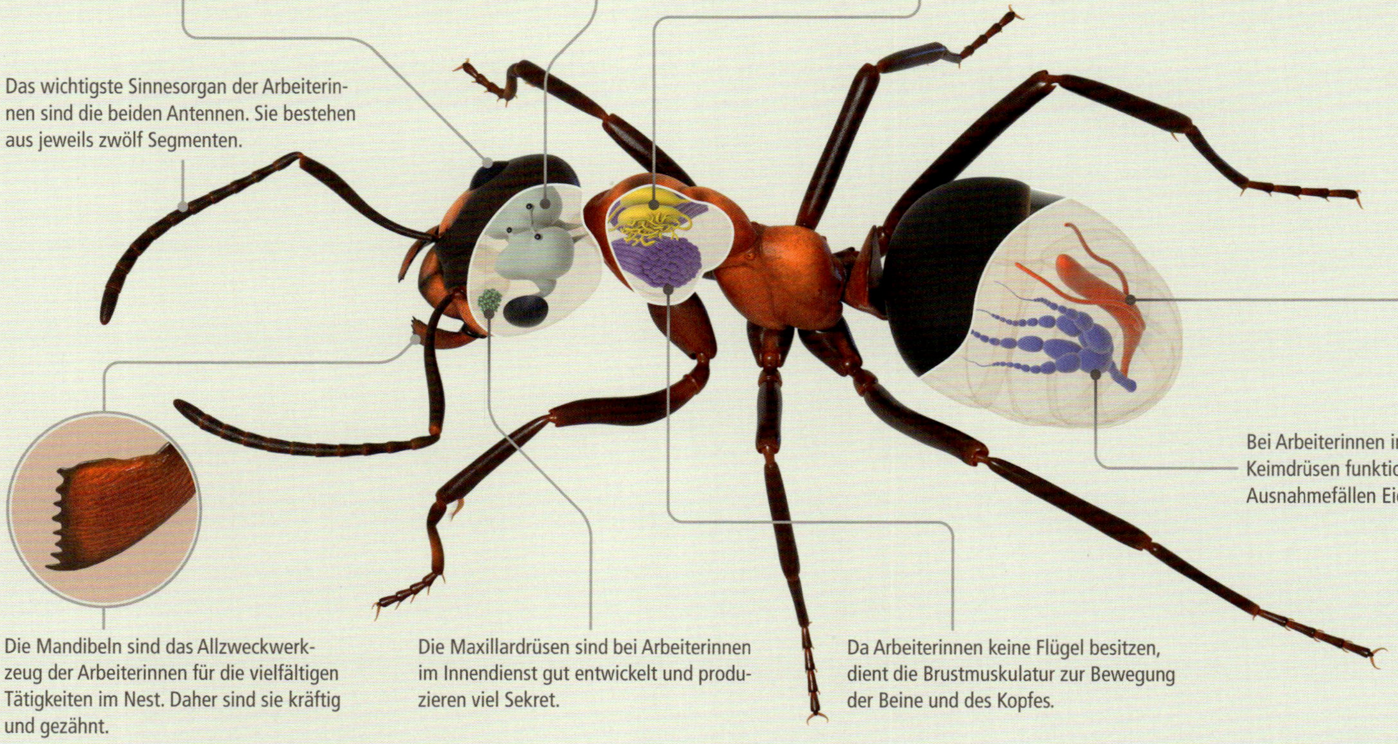

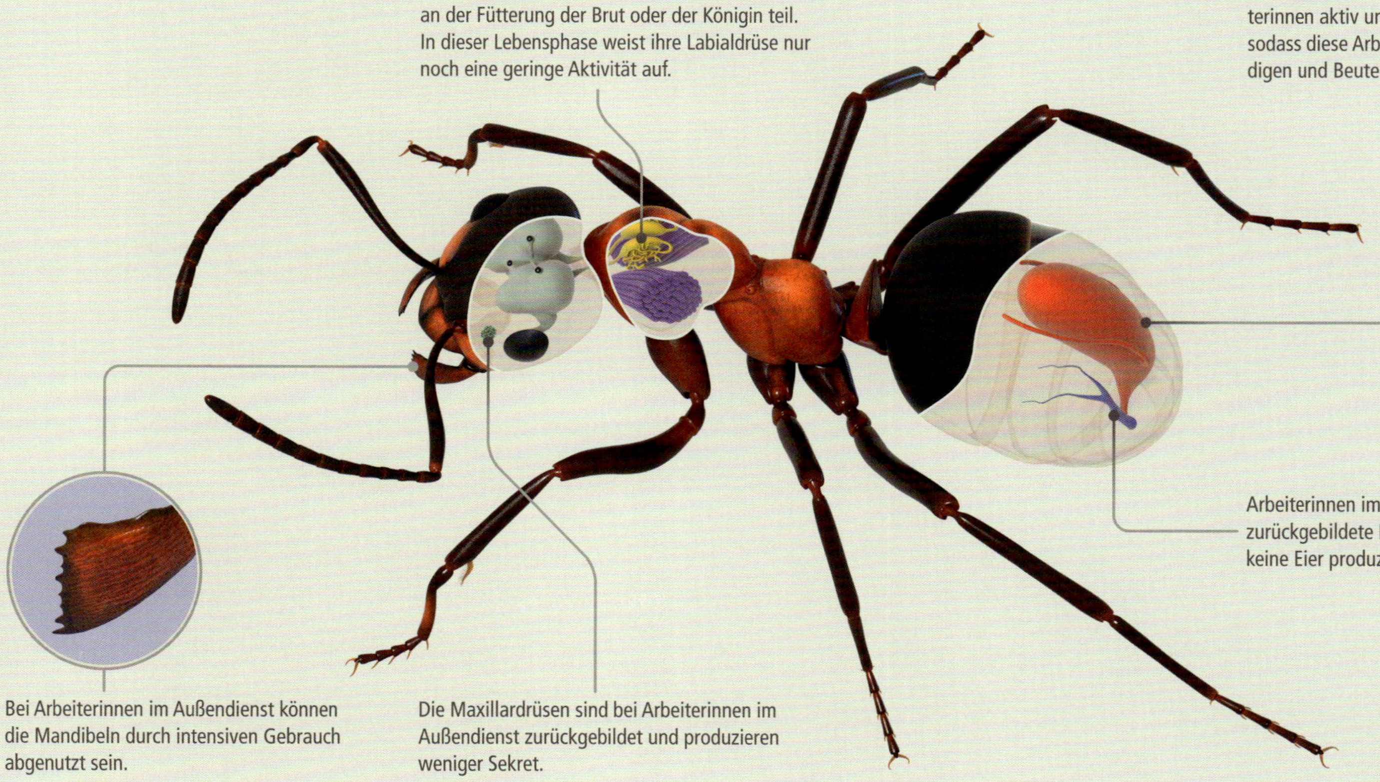

♀ Königin

♂ Männchen

2.1 Die Paarungszeit

Von Mai bis Juni schwärmen die Roten Waldameisen zur Paarung aus. In dieser Zeit, vorwiegend an sonnigen und schwülen Nachmittagen, sammeln sich die männlichen und weiblichen Geschlechtstiere verschiedener Waldameisenvölker auf ihren Nestern und warten auf das Signal zum Abflug.

Die männlichen und weiblichen Geschlechtstiere entwickeln sich getrennt voneinander. In kleinen unterentwickelten Nestern, die wenig Eigenwärme produzieren, entstehen bevorzugt männliche Ameisen. Wenn die Paarungszeit gekommen ist, verlassen die Männchen das Nestinnere. Vor dem Abflug werden sie von Arbeiterinnen noch ein letztes Mal gefüttert.

Die Arbeiterinnen halten die Männchen zusammen und verhindern ein zu frühes Abfliegen, indem sie ihre Flügel festhalten.

Ein tiefer Luftdruck in den späten Nachmittagsstunden gibt das Signal zum Abflug. Die Männchen verlassen schwärmend das Nest. Die beiden Mandibeldrüsen in ihrem Kopf geben dabei Sekret in die Umgebung ab. Die enthaltenen Pheromone teilen den Ameisen in benachbarten Nestern ihren Abflug mit.

Männchen, die das Nest zu früh verlassen wollen, werden von Arbeiterinnen am Nacken gepackt und zum Nest zurückgetragen.

In großen ausgewachsenen Nestern, die viel Wärme produzieren, entstehen meist weibliche Geschlechtstiere, die Königinnen. Diese verlassen das Nestinnere und sammeln sich zu Tausenden auf der Oberfläche. Arbeiterinnen versorgen sie dort ein letztes Mal mit Nahrung.

Die Pheromone der Männchen verflüchtigen sich und werden vom Wind in der Umgebung verbreitet.

Sobald die Antennen der Jungköniginnen die Pheromone der startenden Männchen wahrnehmen, geraten sie in Aufregung und machen sich bereit, das Nest zu verlassen.

Verlässt eine Jungkönigin das Nest zu früh, wird sie von einer Arbeiterin an den Mandibeln gepackt und zurückgezerrt.

2.2 Der Hochzeitsflug

Eine kleine Lichtung dient beiden Schwärmen als Treffpunkt. Dort vereinigen sie sich zum Hochzeitsflug zu einem großen Schwarm.

Wie die Duftstoffe der Männchen verbreiten sich die weiblichen Pheromone in der Umgebung.
Sobald die Männchen die weiblichen Lockstoffe wahrnehmen, heben sie ab und bilden mit den Jungköniginnen einen großen Schwarm.

Vom weiblichen Lockstoff angeregt, verfolgen die Männchen die Jungköniginnen und versuchen sie zu fangen.
Konkurrierende Männchen drängen sich bei der Verfolgung gegenseitig ab.
Eine Jungkönigin versucht ihren Verfolgern auszuweichen.

Ein Männchen bringt sich oberhalb des begehrten Weibchens in Position.
Schnell nähert es sich und krallt sich auf ihrem Rücken fest.
Die Jungkönigin kann das Gewicht des Männchens nicht tragen und beide fallen zu Boden.

2.3 Begattung und Nistplatzsuche

Während der Paarung empfängt die Jungkönigin von den Männchen einen Vorrat an Samen. Sobald sie ein Nest gegründet hat, wird aus diesen Samen die Bevölkerung des Nestes hervorgehen.

(1) Die Jungkönigin fällt mit dem Männchen auf den Waldboden. Um sie herum paaren sich die anderen Geschlechtstiere des Schwarms. Das Männchen klammert sich auf ihrem Rücken fest und beginnt sie zu begatten.

(2) Bei der Kopulation erhält die Jungkönigin vom Männchen einen Samenvorrat, der in der Samentasche in ihrem Hinterleib gespeichert wird. Wenn die Jungkönigin die Mutter eines eigenen Nests geworden ist, dient der Samenvorrat zur Befruchtung von Eiern.

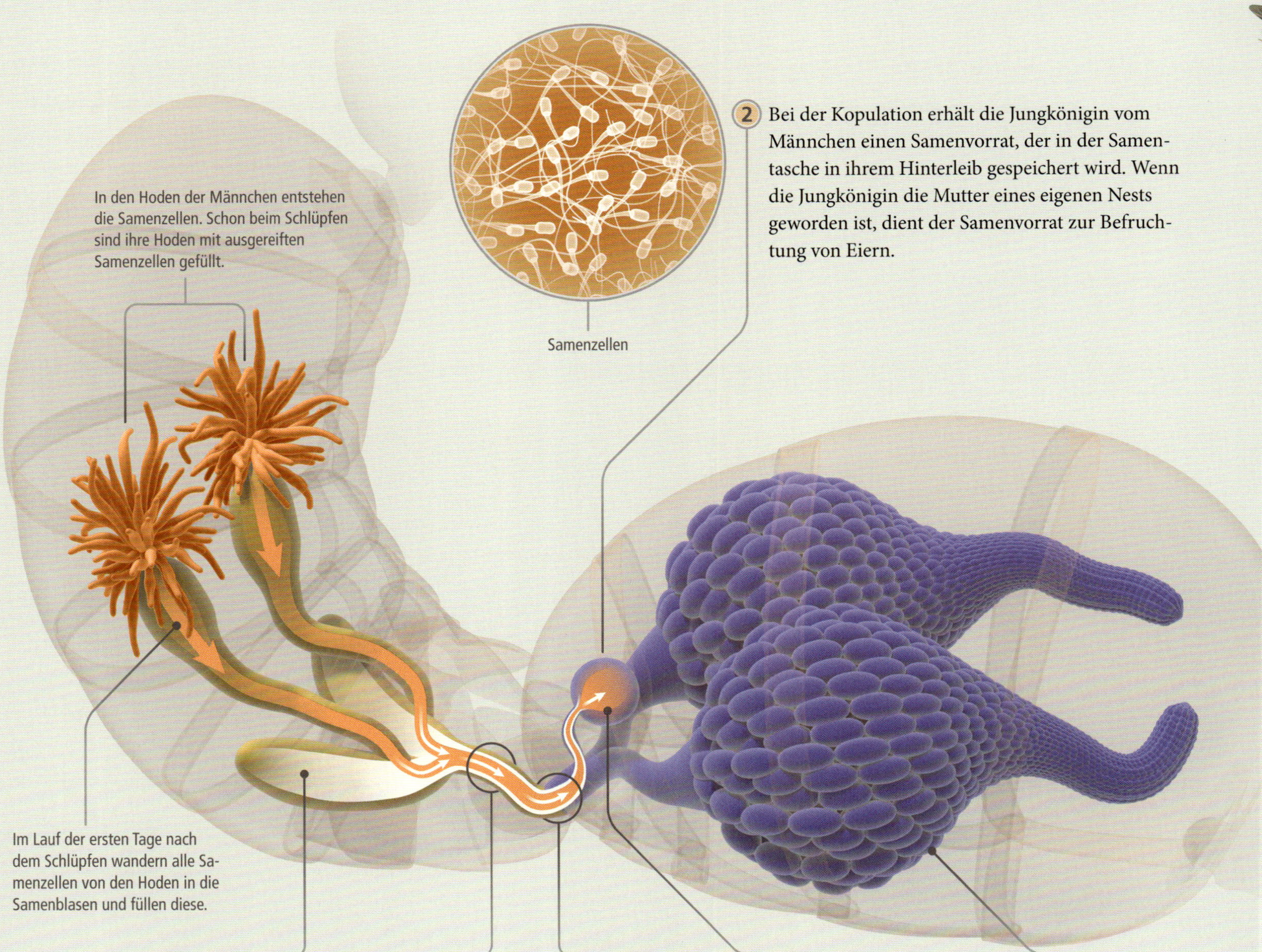

Parallel dazu entwickeln sich die beiden Anhangsdrüsen und produzieren die Samenflüssigkeit, das Sperma.

Bei der Kopulation vermischen sich die Samenzellen mit dem Sperma und werden durch den Samenleiter und den Penis nach außen abgegeben.

Die Geschlechtsöffnung der Jungkönigin nimmt den Penis des Männchens auf. Durch sie gelangt das Sperma mit den Samenzellen in ihren Körper.

Anschließend gelangen die Samenzellen in die Samentasche. Hier produzieren Drüsen Sekrete, die der Ernährung der Samenzellen dienen und sie am Leben erhalten.

In den Eierstöcken der Jungkönigin wachsen die Eier heran. Bei ihrer Ablage werden sie selektiv mit einzelnen Samenzellen aus der Samentasche befruchtet.

3 Im Lauf der Paarung wird die Jungkönigin von mehreren Männchen begattet. Dabei wird die Samentasche mit einigen Millionen Samenzellen gefüllt. Dieser Vorrat reicht für das bis zu 25 Jahre währende Leben von Königinnen zur Befruchtung von Eiern aus.

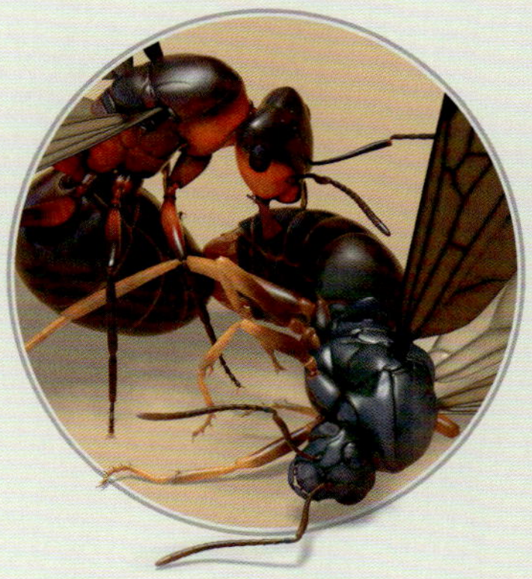

4 Nach jeder Kopulation befreit sich die Jungkönigin von dem Männchen. Dabei kann es passieren, dass dem Männchen der Hinterleib abgebissen wird. Anschließend gehen die Jungköniginnen und Männchen getrennte Wege.

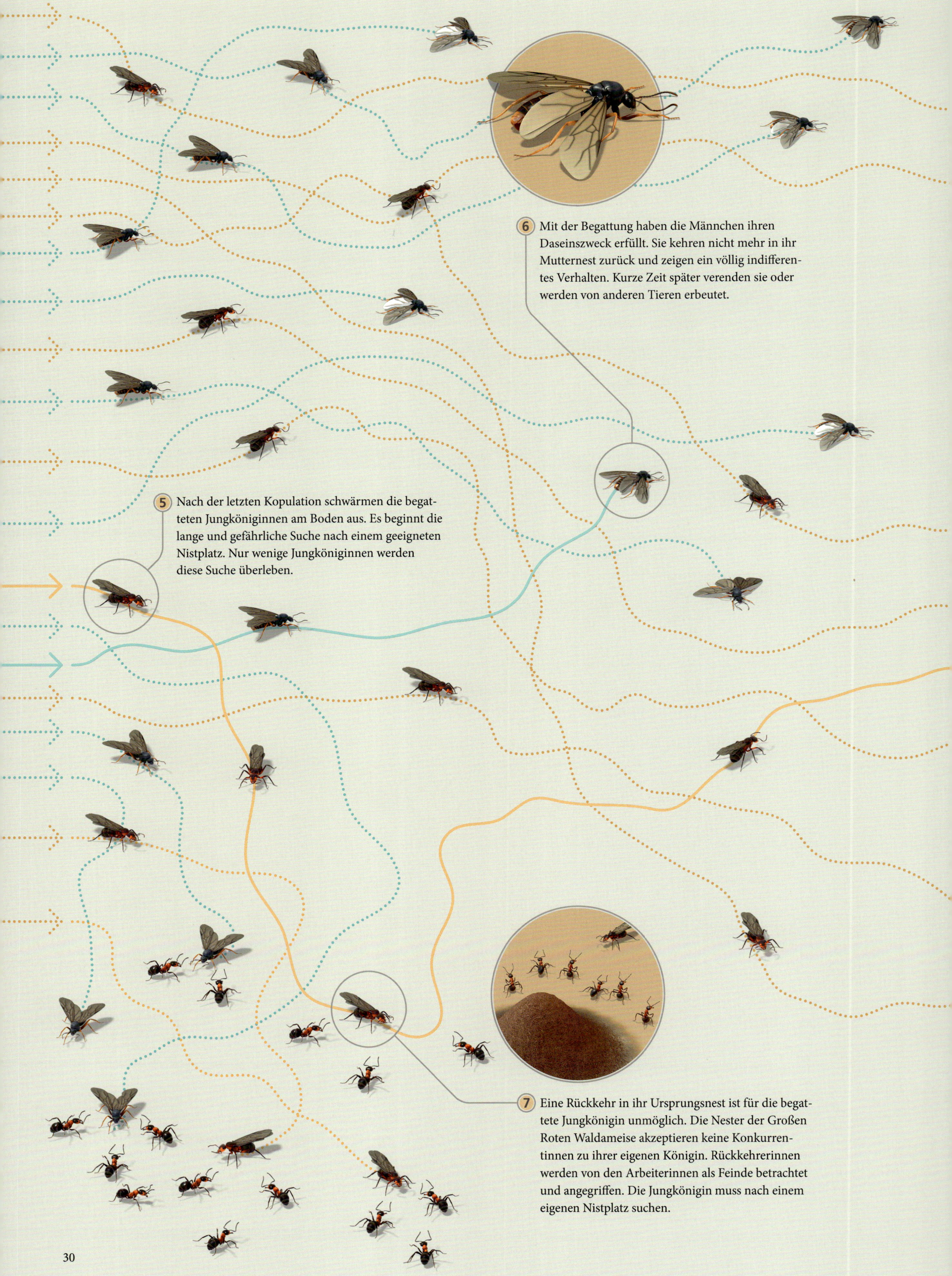

(6) Mit der Begattung haben die Männchen ihren Daseinszweck erfüllt. Sie kehren nicht mehr in ihr Mutternest zurück und zeigen ein völlig indifferentes Verhalten. Kurze Zeit später verenden sie oder werden von anderen Tieren erbeutet.

(5) Nach der letzten Kopulation schwärmen die begatteten Jungköniginnen am Boden aus. Es beginnt die lange und gefährliche Suche nach einem geeigneten Nistplatz. Nur wenige Jungköniginnen werden diese Suche überleben.

(7) Eine Rückkehr in ihr Ursprungsnest ist für die begattete Jungkönigin unmöglich. Die Nester der Großen Roten Waldameise akzeptieren keine Konkurrentinnen zu ihrer eigenen Königin. Rückkehrerinnen werden von den Arbeiterinnen als Feinde betrachtet und angegriffen. Die Jungkönigin muss nach einem eigenen Nistplatz suchen.

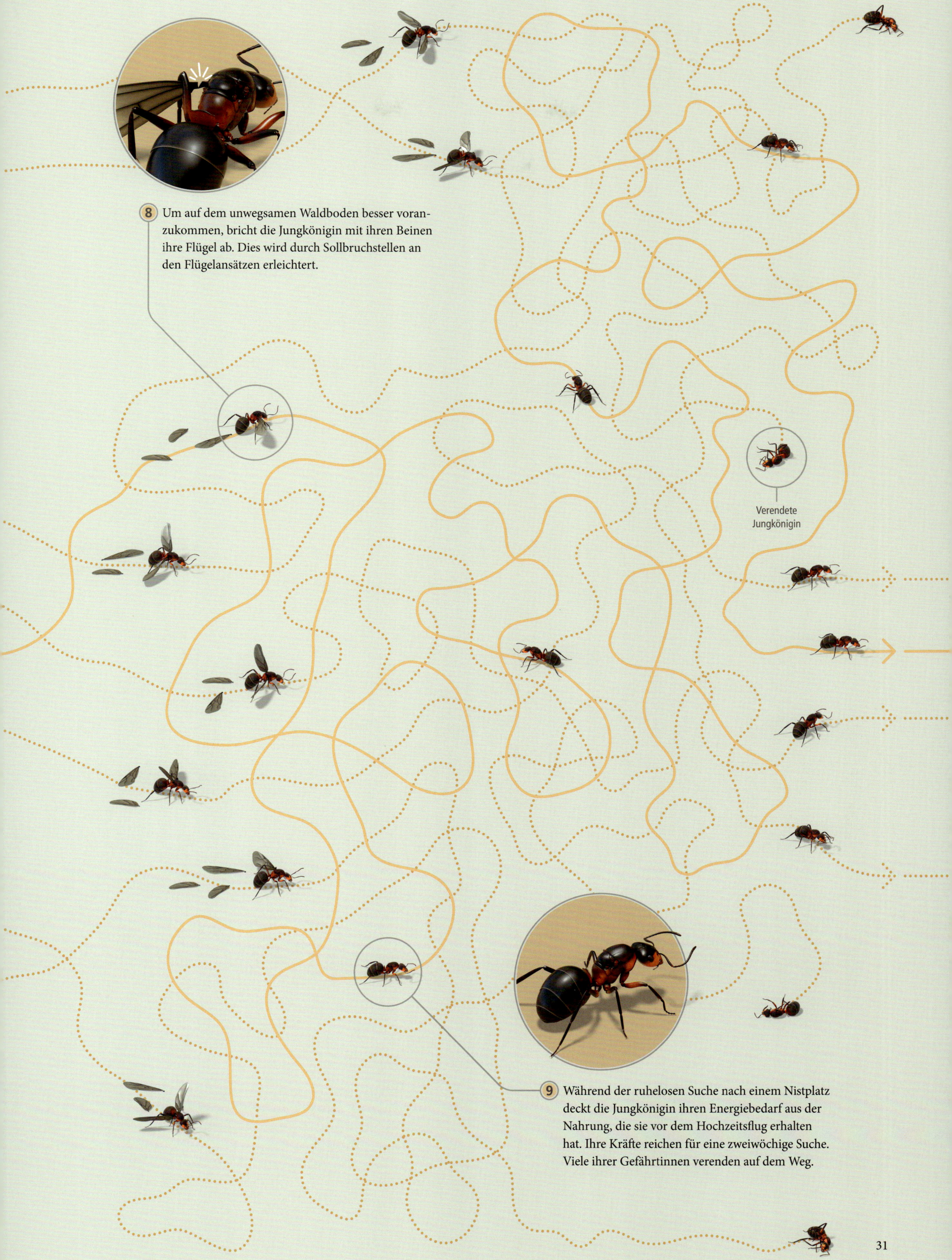

8 Um auf dem unwegsamen Waldboden besser voranzukommen, bricht die Jungkönigin mit ihren Beinen ihre Flügel ab. Dies wird durch Sollbruchstellen an den Flügelansätzen erleichtert.

9 Während der ruhelosen Suche nach einem Nistplatz deckt die Jungkönigin ihren Energiebedarf aus der Nahrung, die sie vor dem Hochzeitsflug erhalten hat. Ihre Kräfte reichen für eine zweiwöchige Suche. Viele ihrer Gefährtinnen verenden auf dem Weg.

2.4 Gründung des Nestes

Die Große Rote Waldameise hat im Lauf der Evolution die Fähigkeit zur selbstständigen Nestgründung weitgehend verloren. Die Jungkönigin benötigt die Unterstützung von Wirtsameisen, um ein Nest zu gründen. Dazu sucht sie ein passendes Wirtsnest, das sie übernehmen kann.

1 Die Jungkönigin stößt auf ein Nest, das von Grauschwarzen Sklavenameisen *(Formica fusca)* bewohnt wird. Da diese Hilfsameisenart und Waldameisen ihre Nester bevorzugt unter Baumstrünken errichten, ist es für die Jungköniginnen als Wirtsnest ideal.

2 Die Arbeiterinnen der Hilfsameisen betrachten die Jungkönigin, wenn sie sich dem Nest nähert, als Feind. Sie muss daher versuchen, ihnen auszuweichen. Ist ein Kampf unvermeidlich, kann sie aufgrund ihrer Größe einzelne Arbeiterinnen überwältigen. Gegenüber mehreren Arbeiterinnen wäre sie jedoch unterlegen.

3 Sobald die Jungkönigin einen Eingang findet, dringt sie in das Nest ein. Im Nest sucht sie nach der Kammer, in der sich die Hilfsameisenkönigin aufhält.

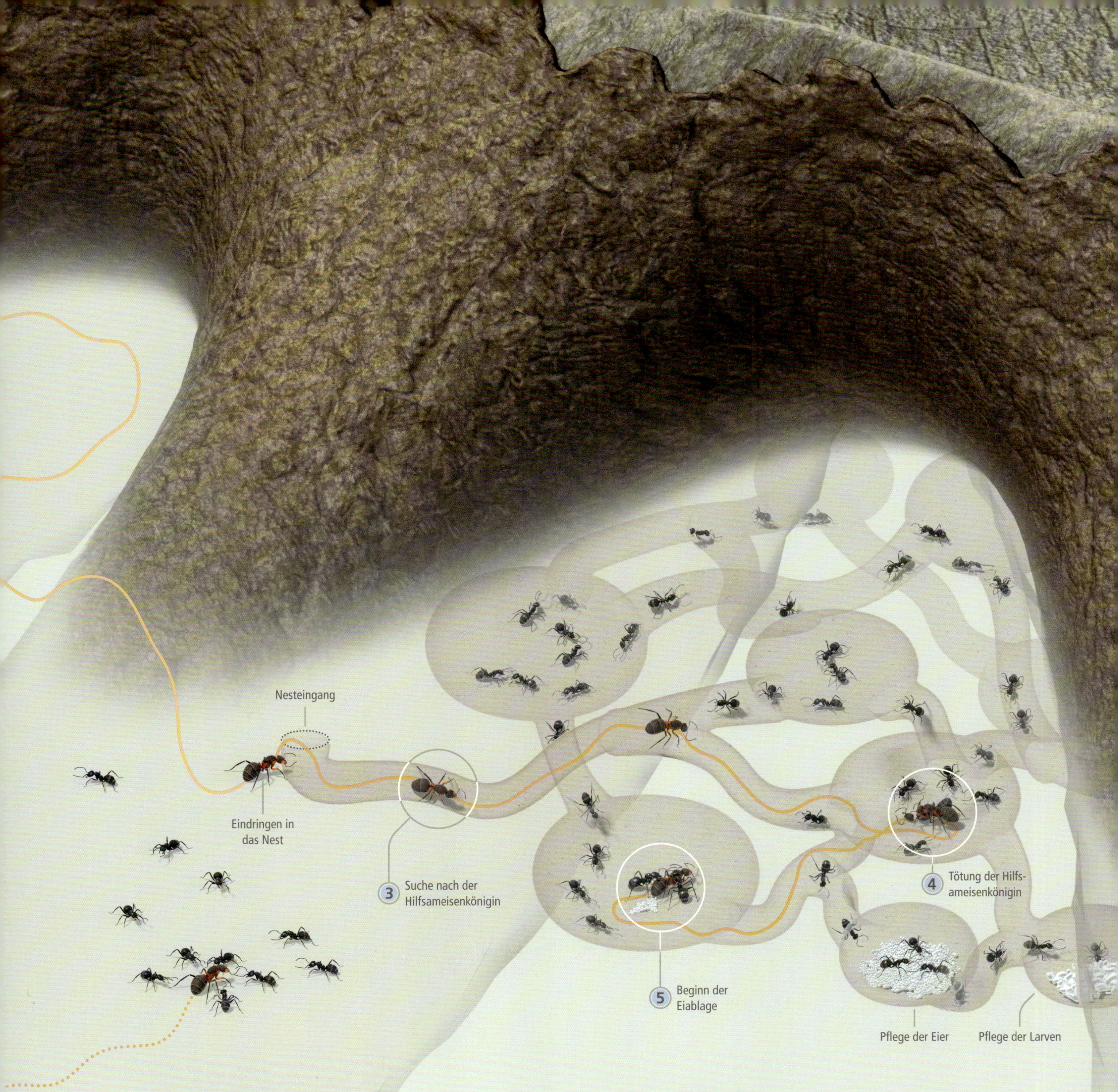

4 Sobald die Jungkönigin die Kammer der Hilfsameisenkönigin findet, tötet sie sie. So erzwingt sie ihre Adoption in das Nest. Denn ohne Konkurrentin und weil der Duft einer Waldameisenkönigin dem Duft der Hilfsameisenkönigin überlegen ist, wird sie von den Hilfsameisenarbeiterinnen akzeptiert.

5 Die Jungkönigin wird die neue Königin des Hilfsameisennestes und beginnt mit der Eiablage. Die Hilfsameisenarbeiterinnen umsorgen sie und ihre Brut, wie sie ihre ursprüngliche Königin umsorgt haben.

6 Die neue Brut wird von den Hilfsameisen gepflegt und zur Reife gebracht. Aus ihr schlüpfen Waldameisenarbeiterinnen. Hilfs- und Waldameisen tolerieren sich und kooperieren bei den Tätigkeiten im Nest. Aus dem Hilfsameisenvolk wird ein Mischvolk.

8 Der Platz des ursprünglichen Nestes reicht für die steigende Bevölkerung und die Brut der Waldameisen nicht mehr aus. Arbeiterinnen beginnen das Nest zu erweitern und schleppen Baumaterial für die Errichtung einer Nestkuppel heran.

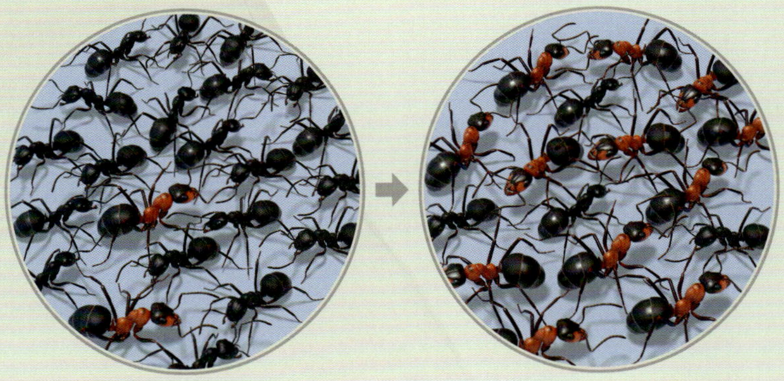

7 Weil keine neuen Hilfsameisen mehr heranwachsen, sinkt deren Anteil an der Bevölkerung des Nestes. Sie werden durch einer immer größer werdende Anzahl Waldameisen ersetzt. Sobald die Hilfsameisen ausgestorben sind, können sich die Waldameisen selbstständig versorgen. Es entsteht ein reines Waldameisennest.

3.1 Das Baumaterial

Eine der wichtigsten Aufgaben der Arbeiterinnen ist der Aufbau und die Instandhaltung der Nestkuppel. Das Baumaterial dafür stammt aus dem umgebenden Wald.

1 Die gezähnten Oberkiefer *(Mandibeln)* sind die Hauptwerkzeuge der Arbeiterinnen. Mit Hilfe der starken Beugemuskeln und den großen Öffnungswinkel der Mandibeln können sie auch sperrige Zweigstücke packen und in Richtung Nest zerren. Schweres Material transportieren mehrere Arbeiterinnen gemeinsam.

4 Das zusammengetragene Baumaterial wird an der Nestperipherie an andere Arbeiterinnen weitergegeben, die es an seinen endgültigen Standort auf der Nestkuppel transportieren.
3 Frisches Baumaterial sammeln die Arbeiterinnen in der näheren Umgebung des Nestes. Der Transport von größeren Stücken kann mehrere Tage dauern.
Aststück
Trockenes Baumharz
Schwerpunkt
2 Der Schwerpunkt im Körper der der Arbeiterinnen liegt im hinteren Körperbereich. Dadurch können sie auch schwere Lasten frei tragen. Ihre sechs Beine verleihen ihnen zusätzlich eine hohe Standfestigkeit. Sperrige Lasten halten sie schräg über dem Körper, sodass der Schwerpunkt der Last nahe dem Körperschwerpunkt liegt.

5 Neues Baumaterial verteilen die Arbeiterinnen weit oben auf der Nestkuppel. Es wird genutzt, um Beschädigungen zu beseitigen und um die gleichmäßige Oberfläche des Hügels zu erhalten.

Der äußere Teil der Nestkuppel besteht aus einer ca. 10 cm dicken Deckschicht aus feinen Baumaterialien. Das dicht gepackte Material wird vom eingearbeiteten Baumharz, das bei Sonneneinstrahlung weich und klebrig wird, verfestigt. Die Deckschicht schützt das Nestinnere vor Wind und Regen und dient zur Wärmedämmung. Ihre Instandhaltung ist eine wichtige Tätigkeit für die Arbeiterinnen, denn nur eine intakte Deckschicht gewährleistet konstant warme Temperaturen im Nest.

3.2 Architektur des Nestes

Jedes Brutstadium – von den Eiern, über die Larvenstadien bis zu den Puppen, – benötigt für seine Entwicklung andere Temperatur- und Luftfeuchtigkeitsbedingungen. Im Nest sind Arbeiterinnen immerzu damit beschäftigt, die Brut in die Kammern mit dem jeweils günstigsten Klima zu tragen.

Der innere Teil der Nestkuppel besteht aus grob geschichtetem Baumaterial, das in seinem Zentrum einen Baumstrunk umschließt. Das dichte Netzwerk aus Hohlräumen nutzen die Ameisen als Wohnräume und als Lagerstätten für ihre Brut.

Der Baumstrunk im Zentrum stabilisiert den Hügel. Die Kammern in seinem Inneren dienen der Königin als Schutzraum, falls die Nestkuppel von Waldtieren auf Nahrungssuche, beispielsweise von Wildschweinen, zerstört wird. Die wertvollen Ameiseneier befinden sich gut geschützt unter dem Strunk.

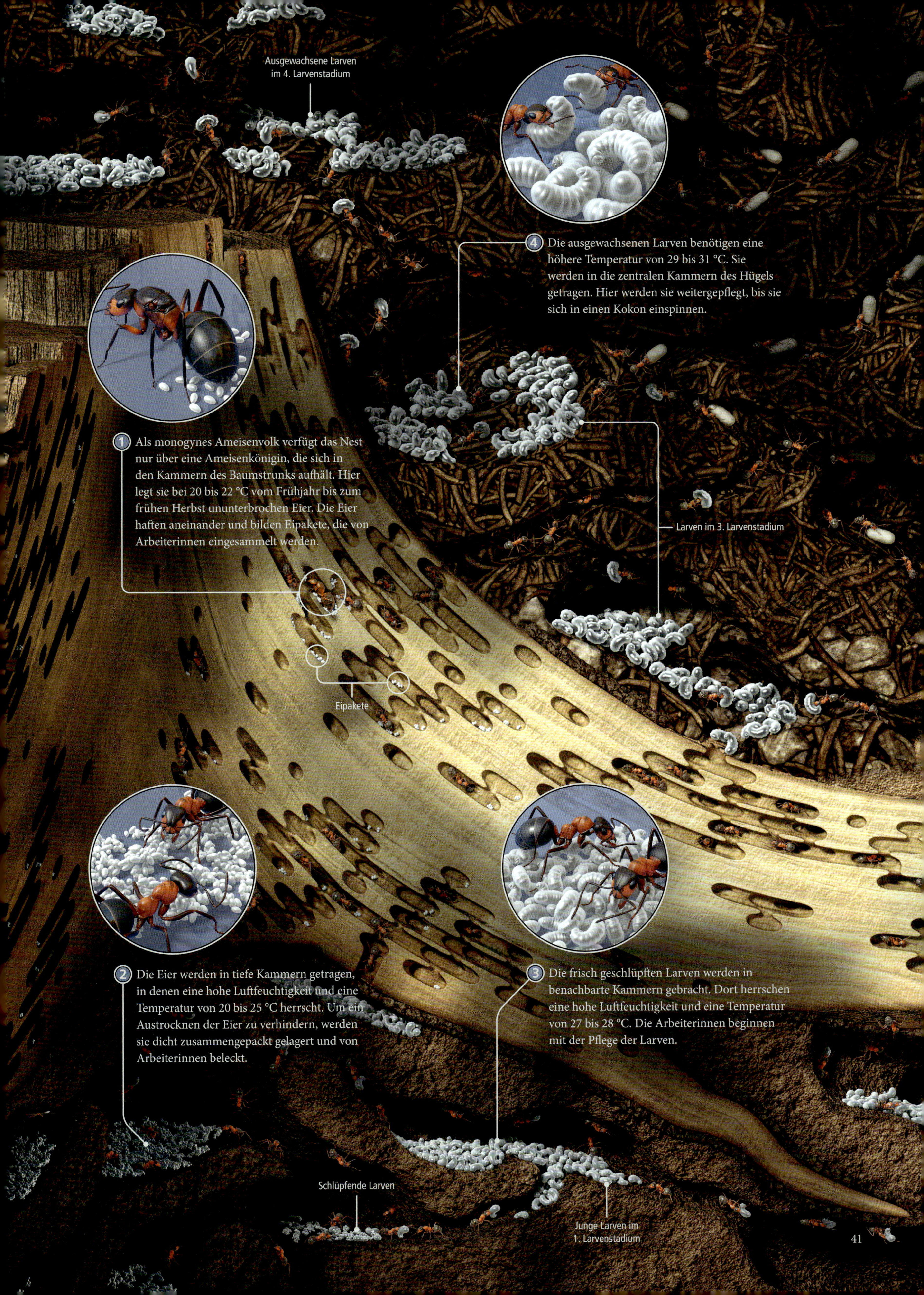

1 Als monogynes Ameisenvolk verfügt das Nest nur über eine Ameisenkönigin, die sich in den Kammern des Baumstrunks aufhält. Hier legt sie bei 20 bis 22 °C vom Frühjahr bis zum frühen Herbst ununterbrochen Eier. Die Eier haften aneinander und bilden Eipakete, die von Arbeiterinnen eingesammelt werden.

2 Die Eier werden in tiefe Kammern getragen, in denen eine hohe Luftfeuchtigkeit und eine Temperatur von 20 bis 25 °C herrscht. Um ein Austrocknen der Eier zu verhindern, werden sie dicht zusammengepackt gelagert und von Arbeiterinnen beleckt.

3 Die frisch geschlüpften Larven werden in benachbarte Kammern gebracht. Dort herrschen eine hohe Luftfeuchtigkeit und eine Temperatur von 27 bis 28 °C. Die Arbeiterinnen beginnen mit der Pflege der Larven.

4 Die ausgewachsenen Larven benötigen eine höhere Temperatur von 29 bis 31 °C. Sie werden in die zentralen Kammern des Hügels getragen. Hier werden sie weitergepflegt, bis sie sich in einen Kokon einspinnen.

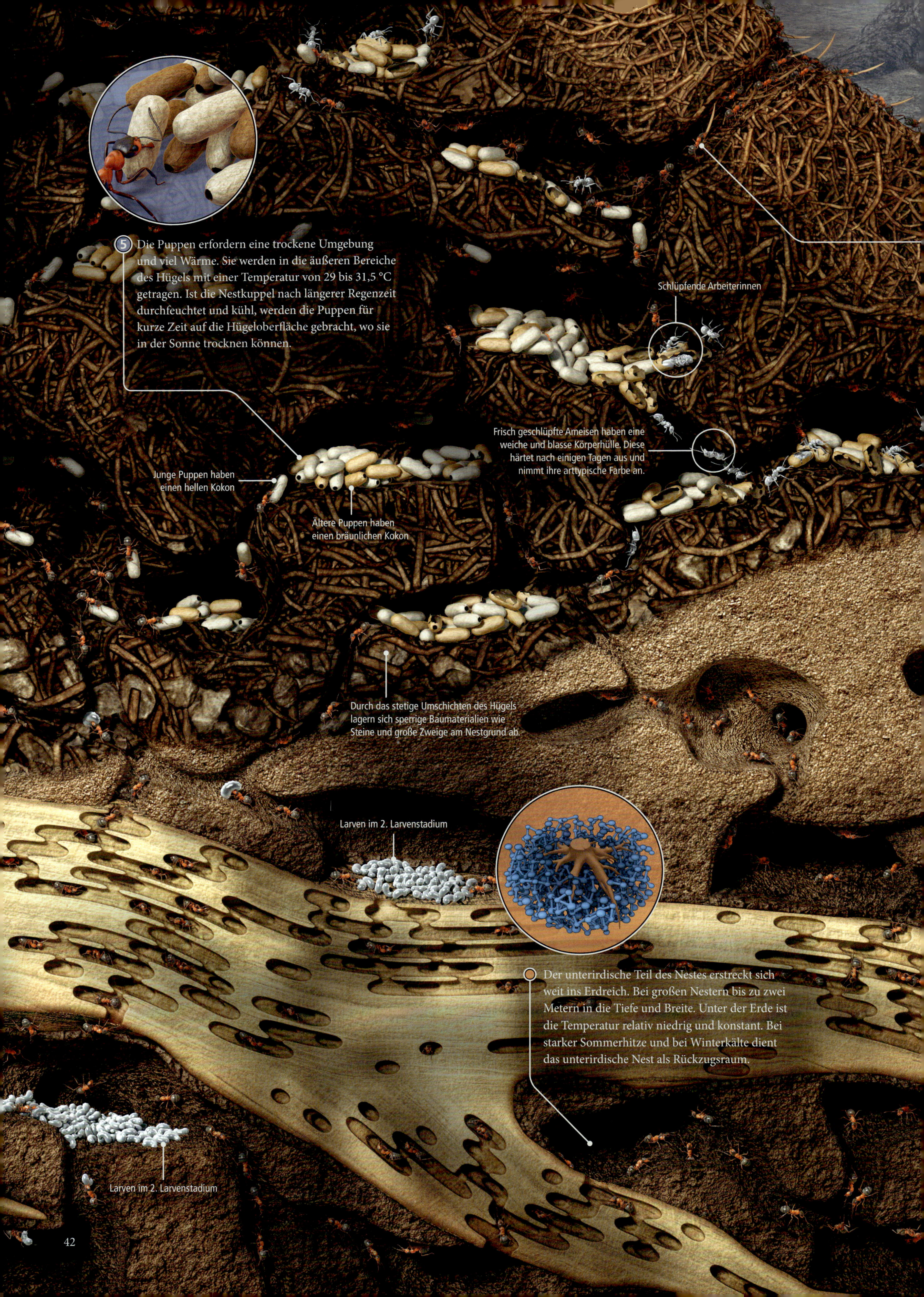

5 Die Puppen erfordern eine trockene Umgebung und viel Wärme. Sie werden in die äußeren Bereiche des Hügels mit einer Temperatur von 29 bis 31,5 °C getragen. Ist die Nestkuppel nach längerer Regenzeit durchfeuchtet und kühl, werden die Puppen für kurze Zeit auf die Hügeloberfläche gebracht, wo sie in der Sonne trocknen können.

Der unterirdische Teil des Nestes erstreckt sich weit ins Erdreich. Bei großen Nestern bis zu zwei Metern in die Tiefe und Breite. Unter der Erde ist die Temperatur relativ niedrig und konstant. Bei starker Sommerhitze und bei Winterkälte dient das unterirdische Nest als Rückzugsraum.

Arbeiterinnen sind immerzu damit beschäftigt, die Nestkuppel instand zu halten. Sie bessern Schadstellen aus und bringen feuchtes Baumaterial aus seinem Inneren an die Oberfläche, damit es trocknen kann. Dies verhindert eine Verpilzung des Nestes.

Die feine Erde und den Sand, der bei den unterirdischen Grabarbeiten anfällt, verteilen die Ameisen am Rand des Hügels. Dieser Auswurf bildet einen ringförmigen Wall, der die Flanken der Nestkuppel stützt und ein Abrutschen des Baumaterials verhindert.

3.3 Der Jahreszyklus | Frühjahr

Ein Waldameisennest ist ein dynamisches Konstrukt. Es wird von den Arbeiterinnen stetig den wechselnden Temperatur- sowie Witterungsbedingungen angepasst. Im Frühjahr erwacht das Ameisenvolk aus der Winterruhe. Es beginnt mit der Wiederinstandsetzung des Nestes und dem Aufbau des Wärmehaushalts.

Nach der Winterruhe sammelt sich das gesamte Ameisenvolk auf der Hügeloberfläche, um sich zu sonnen. Da Ameisen wechselwarme Tiere sind, benötigen sie Wärme, um ihren Stoffwechsel zu beschleunigen und wieder aktiv zu werden.

Sind einzelne Arbeiterinnen noch zu träge, um selbstständig nach oben zu laufen, werden sie von aktiven Arbeiterinnen gepackt und an die Oberfläche getragen.

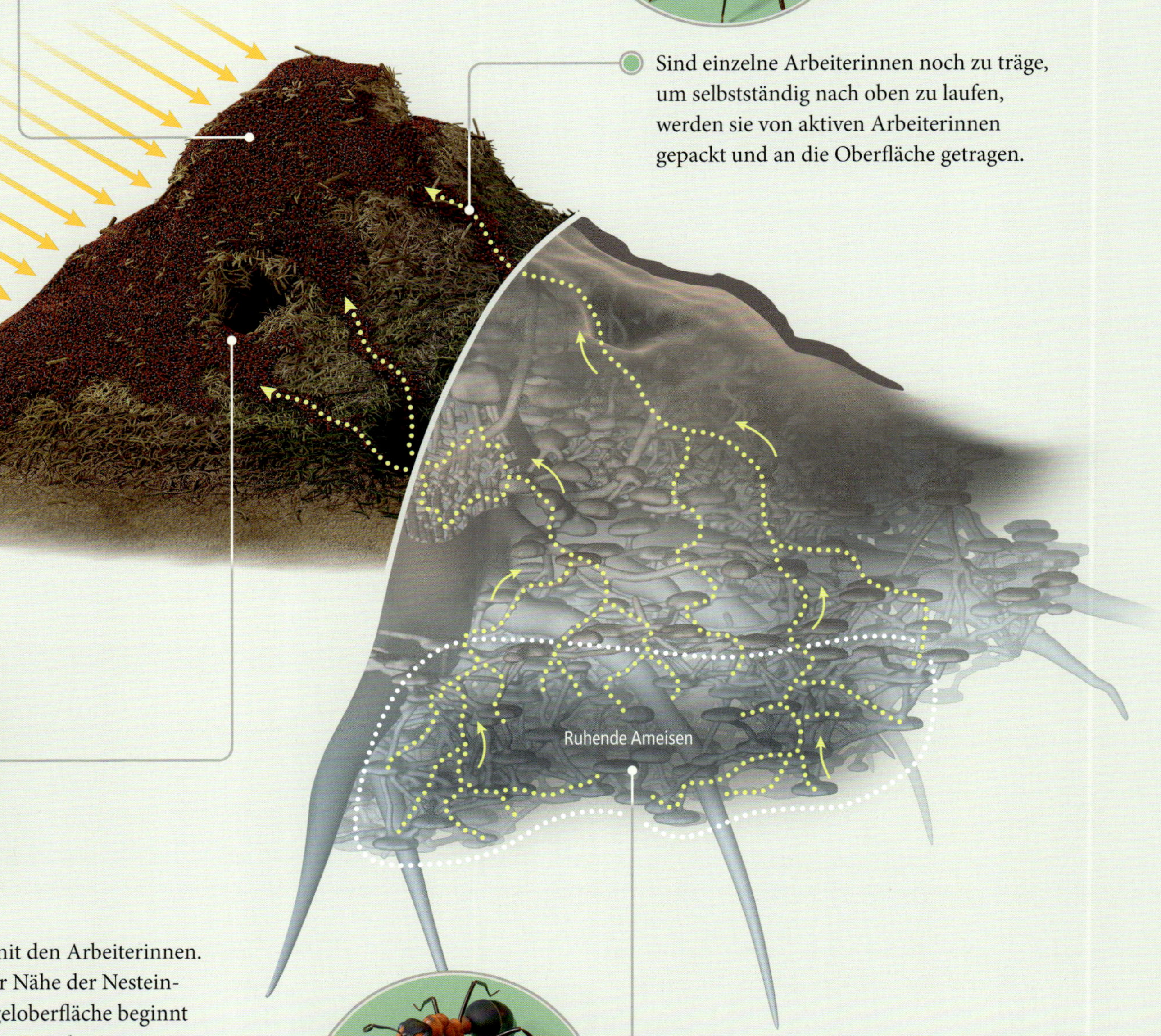

Die Königin sonnt sich mit den Arbeiterinnen. Sie bleibt geschützt in der Nähe der Nesteingänge. Noch auf der Hügeloberfläche beginnt sie die Wintereier zu legen, aus denen später Geschlechtstiere schlüpfen werden.

Aktive Arbeiterinnen, die sich schon gesonnt haben, kehren in den unterirdischen Nestteil zurück. Sie versuchen noch ruhende Arbeiterinnen zu wecken, indem sie sie mit ihren Antennen beklopfen und an ihnen zerren.

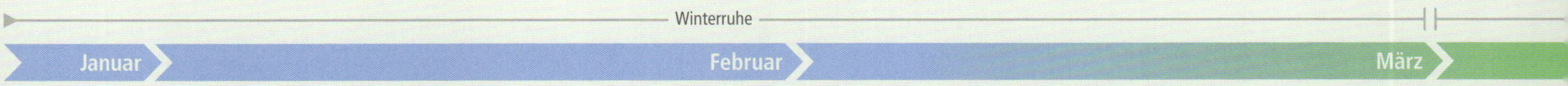

Nach der ersten Sonnung beginnt ein Teil der Arbeiterinnen mit dem Wiederaufbau. Sie tragen die Deckschicht von der Spitze des Hügels ab. Das freigelegte Nestinnere kann dadurch im Sonnenlicht trocknen. Das Baumaterial wird an der Peripherie des Hügels verteilt, wo es ebenfalls trocknen kann.

Für die Arbeiterinnen, die nicht mit dem Wiederaufbau beschäftigt sind, beginnt die aktive Sonnungsphase. Auf der Hügeloberfläche wärmen sie sich in kleinen Trauben auf. Wenn sich ihre Körpertemperatur auf 30 bis 34 °C erhöht hat, laufen sie so schnell wie möglich ins Nestinnere zurück.

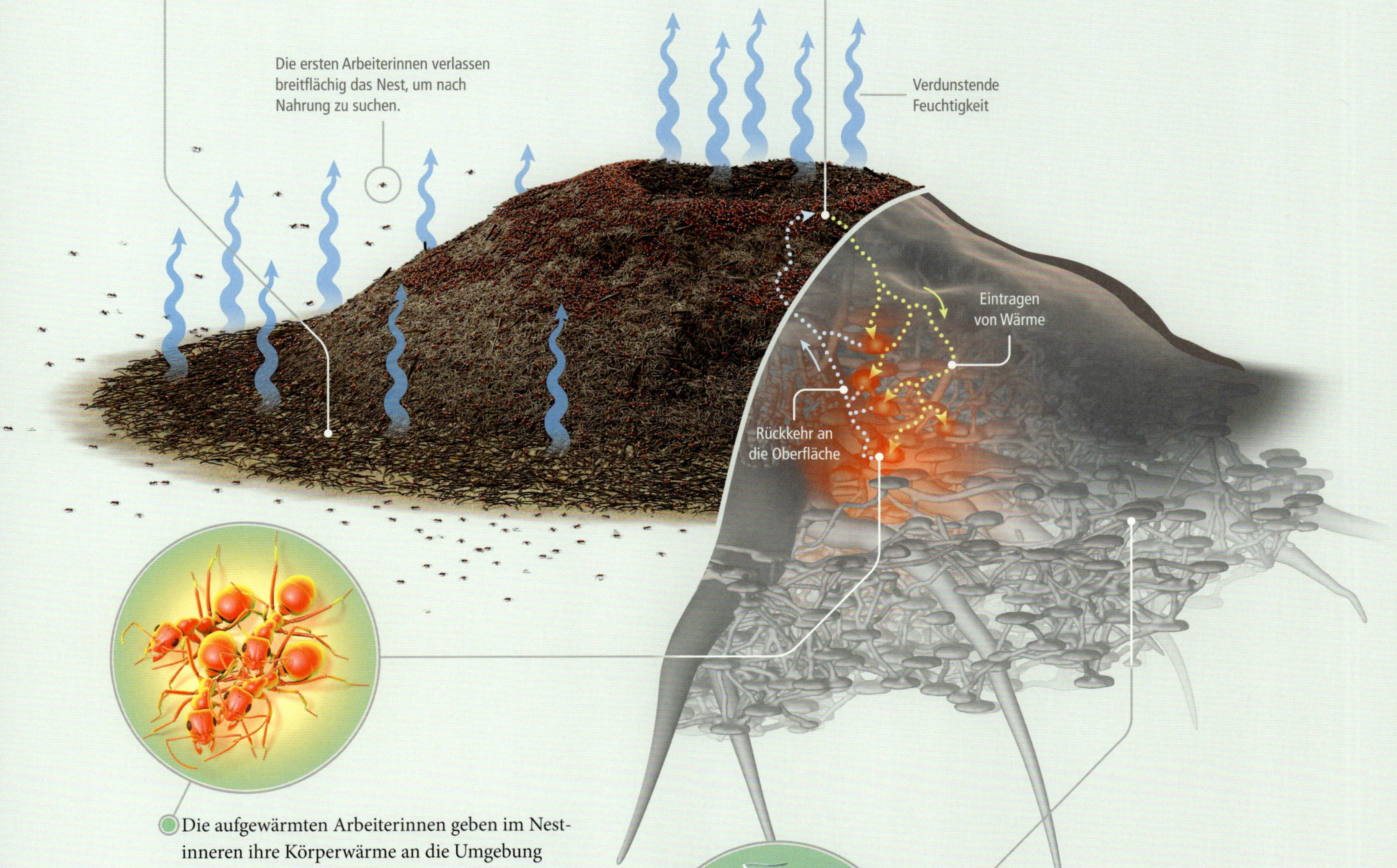

Die aufgewärmten Arbeiterinnen geben im Nestinneren ihre Körperwärme an die Umgebung ab. Dadurch heizen die Arbeiterinnen, ähnlich Wärmflaschen, nach und nach das Hügelinnere auf. Danach kehren sie wieder an die Oberfläche zurück und der Vorgang beginnt von Neuem.

Aus den Wintereiern entwickeln sich in der Regel Geschlechtstiere. Im Verlauf des Frühlings schlüpfen sie und werden von Arbeiterinnen aufgezogen. Im späten Frühling und frühen Sommer werden sie das Nest verlassen, um sich zu paaren.

Frühjahrssonnung | Aufzucht von Geschlechtstieren

April | Mai

3.4 Sommer

Das Ameisennest erreicht eine Phase der höchsten Aktivität und des Wachstums. Die Nestkuppel wird an die Sommerhitze angepasst.

Im Frühjahr bietet der Wald nur wenig Nahrung. Durch den Nahrungsmangel nimmt die Auslaufaktivität der Ameisen stark zu und erreicht ihren Höhepunkt. Der zuvor diffuse Auslauf konzentriert sich jetzt auf bestimmte Richtungen. Die Ameisen entfernen sich weiter vom Nest. Es entstehen Ameisenstraßen.

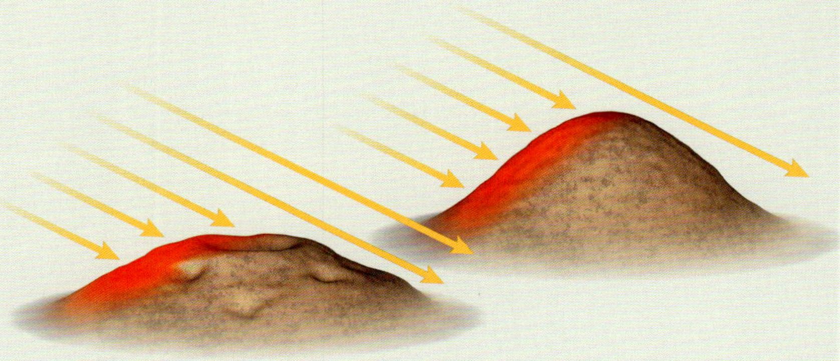

Durch ihre flache Form konnte die beschädigte Nestkuppel nur wenig Sonnenlicht aufnehmen. Die instand gesetzte Kuppel ist höher, wodurch ein größerer Teil der Oberfläche dem Sonnenlicht ausgesetzt ist. Dadurch kann sich das Nestinnere schneller aufwärmen.

Nachdem die Geschlechtstiere das Nest verlassen haben, beginnt die Königin mit der Ablage der Sommereier. Aus ihnen werden sich Arbeiterinnen entwickeln.

Ist die Temperatur im Nest ungleichmäßig verteilt, werden Arbeiterinnen in die kühlen Bereiche getragen, um dort die Ameisendichte zu erhöhen. Dadurch geben mehr Ameisen Körperwärme an die Umgebung ab. Die Temperatur in diesen Bereichen steigt und gleicht sich dem restlichen Nest an.

Ausschwärmen der Geschlechtstiere

Mai

Juni

Droht das Nest an warmen Tagen zu überhitzen, beginnen Arbeiterinnen Baumaterial vom Hügel abzutragen. Es entstehen neue Öffnungen, durch die die heiße Luft aus dem Inneren entweichen kann. Auch kann durch Wind kühle Frischluft in das Nest eindringen.

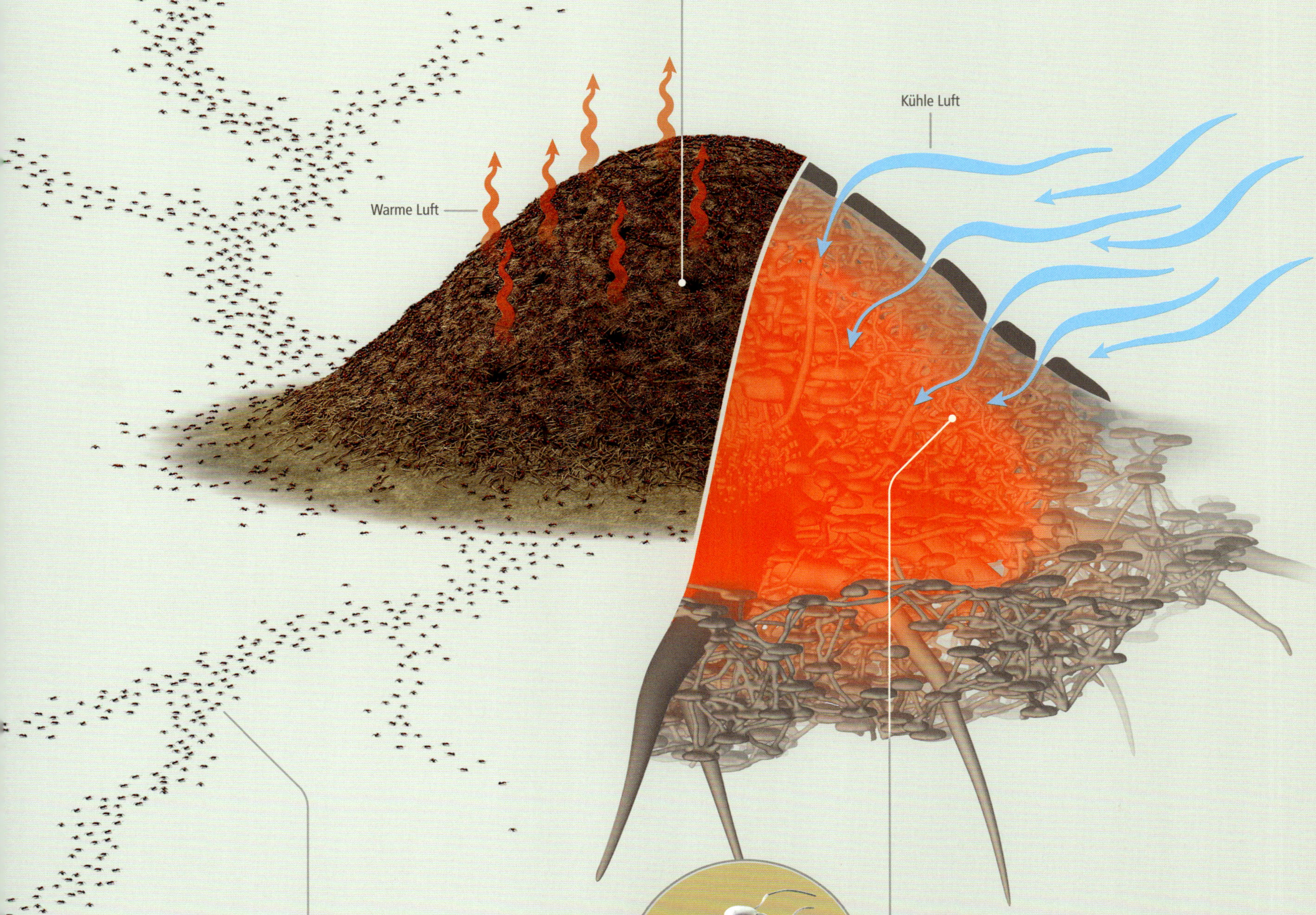

Durch das Aufleben der Tierwelt ist im Umkreis des Nestes genügend Nahrung vorhanden. Die Auslaufaktivität sinkt leicht, bleibt jedoch bis Ende August konstant hoch. Arbeiterinnen nutzen das Straßensystem, um die Ausscheidungen von Baumläusen (den Honigtau) und zahlreiche erbeutete Tiere ins Nest zu transportieren.

Im Lauf des Sommers und des frühen Herbstes entstehen ausschließlich neue Arbeiterinnen. Um die Arbeiterinnenlarven mit ausreichend Nahrung zu versorgen, werden verstärkt Beutetiere erjagt.

Aufzucht von Arbeiterinnen

Juli | August

3.5 Herbst

Gegen Ende des Jahres bereitet sich das Ameisenvolk auf die Winterruhe vor. Der Nestbau wird an das kühlere Klima angepasst.

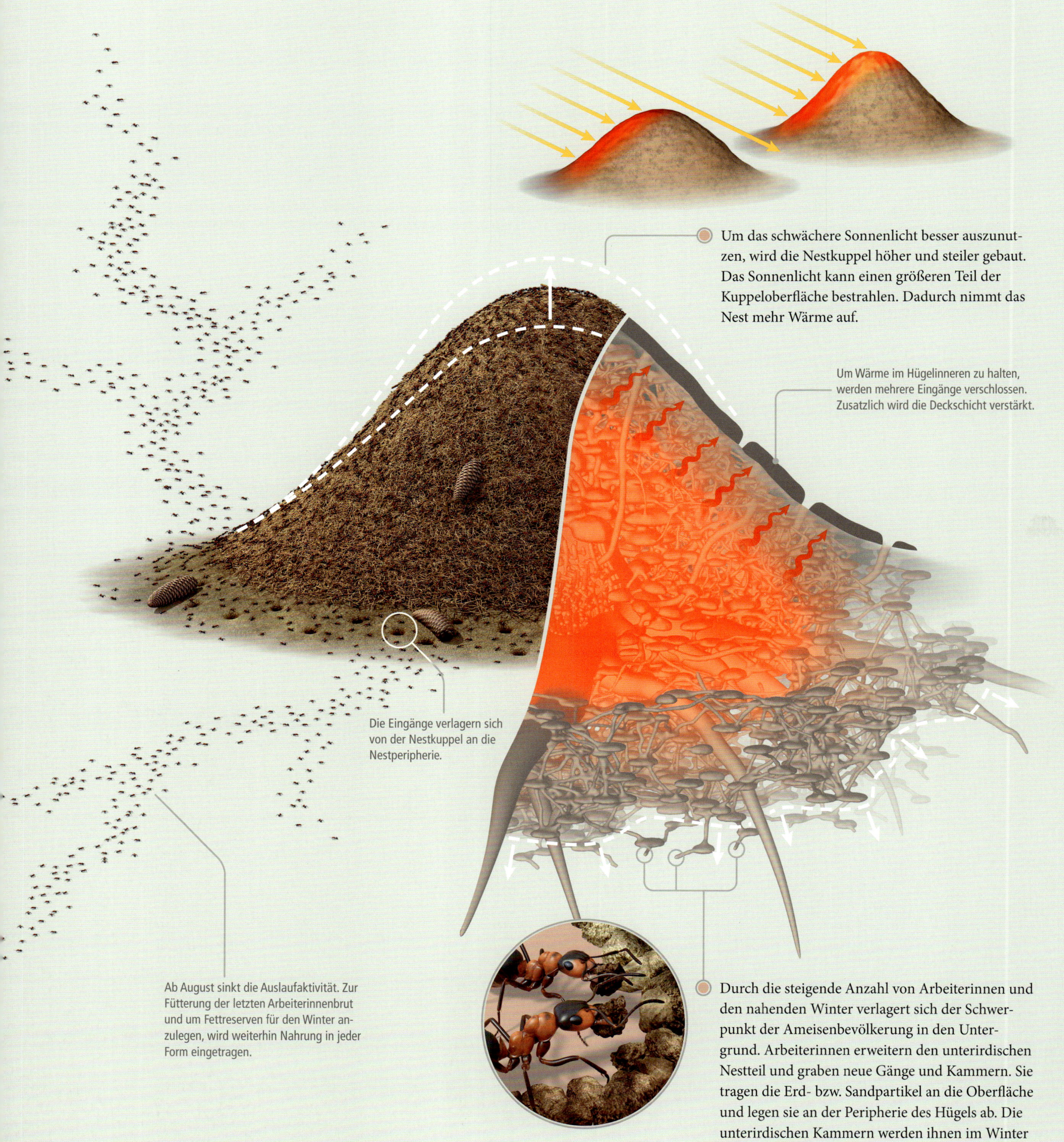

Um das schwächere Sonnenlicht besser auszunutzen, wird die Nestkuppel höher und steiler gebaut. Das Sonnenlicht kann einen größeren Teil der Kuppeloberfläche bestrahlen. Dadurch nimmt das Nest mehr Wärme auf.

Um Wärme im Hügelinneren zu halten, werden mehrere Eingänge verschlossen. Zusätzlich wird die Deckschicht verstärkt.

Die Eingänge verlagern sich von der Nestkuppel an die Nestperipherie.

Ab August sinkt die Auslaufaktivität. Zur Fütterung der letzten Arbeiterinnenbrut und um Fettreserven für den Winter anzulegen, wird weiterhin Nahrung in jeder Form eingetragen.

Durch die steigende Anzahl von Arbeiterinnen und den nahenden Winter verlagert sich der Schwerpunkt der Ameisenbevölkerung in den Untergrund. Arbeiterinnen erweitern den unterirdischen Nestteil und graben neue Gänge und Kammern. Sie tragen die Erd- bzw. Sandpartikel an die Oberfläche und legen sie an der Peripherie des Hügels ab. Die unterirdischen Kammern werden ihnen im Winter als Rückzugsort dienen.

Aufzucht von Arbeiterinnen

August

September

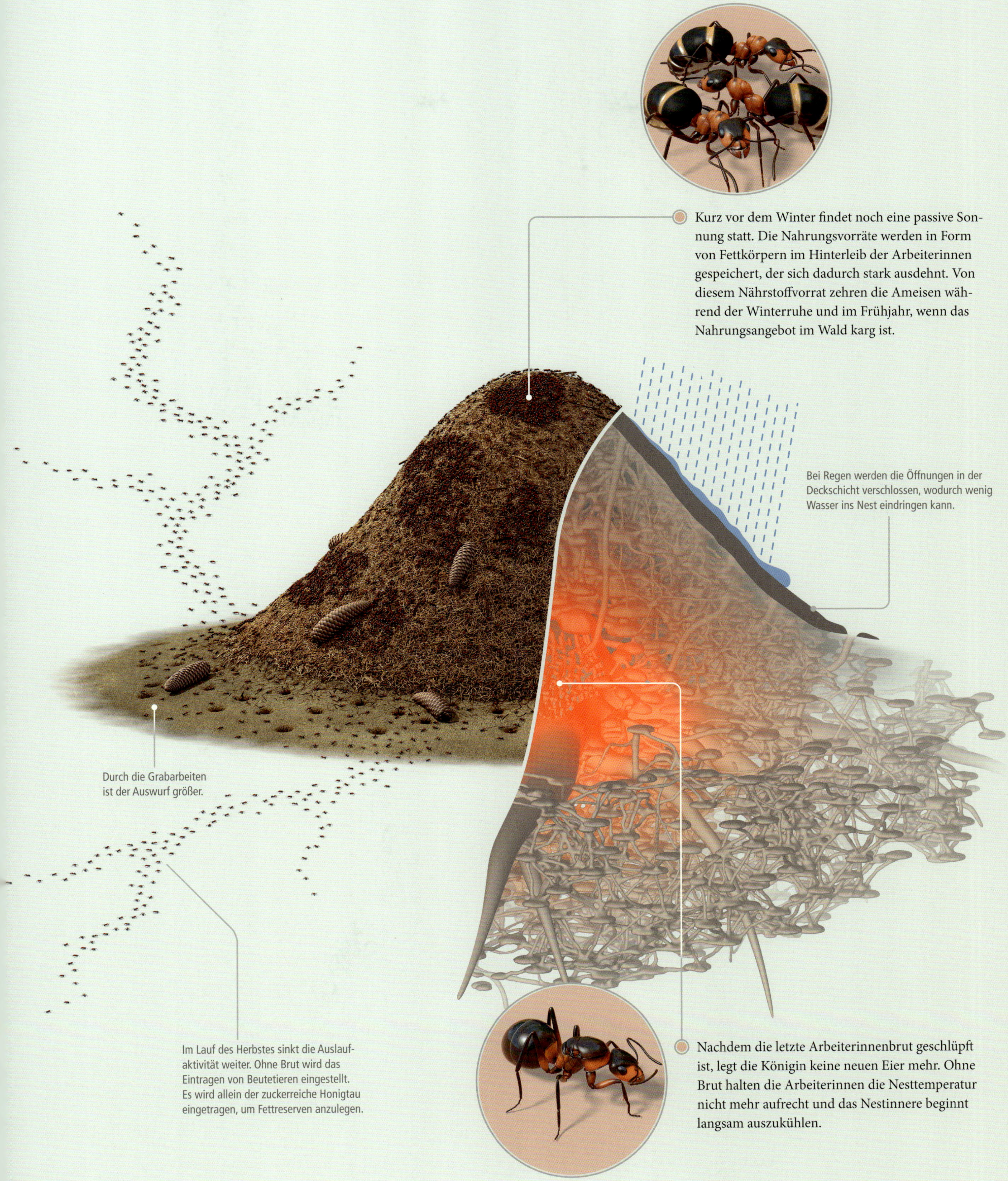

Kurz vor dem Winter findet noch eine passive Sonnung statt. Die Nahrungsvorräte werden in Form von Fettkörpern im Hinterleib der Arbeiterinnen gespeichert, der sich dadurch stark ausdehnt. Von diesem Nährstoffvorrat zehren die Ameisen während der Winterruhe und im Frühjahr, wenn das Nahrungsangebot im Wald karg ist.

Bei Regen werden die Öffnungen in der Deckschicht verschlossen, wodurch wenig Wasser ins Nest eindringen kann.

Durch die Grabarbeiten ist der Auswurf größer.

Im Lauf des Herbstes sinkt die Auslaufaktivität weiter. Ohne Brut wird das Eintragen von Beutetieren eingestellt. Es wird allein der zuckerreiche Honigtau eingetragen, um Fettreserven anzulegen.

Nachdem die letzte Arbeiterinnenbrut geschlüpft ist, legt die Königin keine neuen Eier mehr. Ohne Brut halten die Arbeiterinnen die Nesttemperatur nicht mehr aufrecht und das Nestinnere beginnt langsam auszukühlen.

Oktober

Zunehmende Bildung von Nährstoffreserven

3.6 Winter

In den Wintermonaten stellt das Ameisenvolk sämtliche Aktivitäten ein. Zum Schutz vor harscher Witterung und Frost ziehen sich die Ameisen in den Untergrund des Nestes zurück.

Während sich das Ameisenvolk in die Winterruhe begibt, bleiben einzelne Arbeiterinnen in der Nestkuppel zurück und dichten die letzten Öffnungen ab.

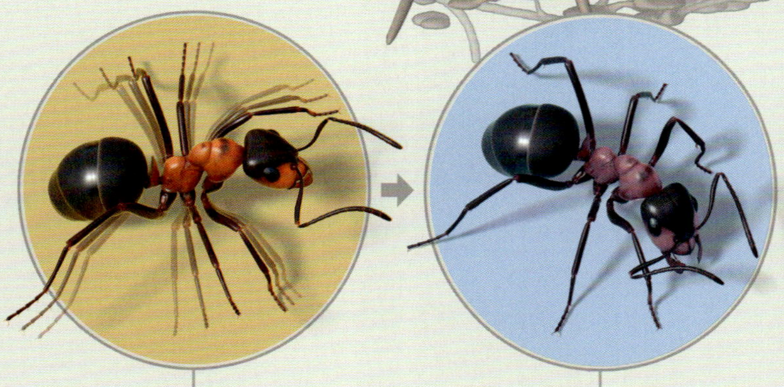

Da Ameisen wechselwarme Tiere sind, ist ihre Körpertemperatur von der Umgebungstemperatur abhängig. Bei niedrigen Temperaturen sinkt ihre Bewegungsaktivität. Fällt die Temperatur im Nest unter 10 °C, ziehen sich die Arbeiterinnen und die Königin in die tiefsten Kammern des Nestes zur Überwinterung zurück.

Oktober — November

Zunehmende Bildung von Nährstoffreserven

In der Winterzeit ernähren sich Spechte fast ausschließlich von Ameisen. Auf der Suche nach den überwinternden Ameisen graben sie tiefe Gänge in die Nestkuppel. Mithilfe ihrer langen klebrigen Zunge, deren Spitze mit Widerhaken besetzt ist, können sie in die gewundenen Gänge des Nestes eindringen und ruhende Ameisen erbeuten.

An milden Tagen verlassen einzelne Kundschafterinnen das Nest.

Während der Winterzeit sinkt das Baumaterial des Hügels in sich zusammen, wobei viele Kammern im Inneren zerdrückt werden. Die Kammern in Baumstrunk und Erdreich bleiben erhalten.

Eine Gruppe meist alter oder kranker Arbeiterinnen ruht knapp unter der Frostgrenze. Wenn es im Frühjahr wieder wärmer wird, nehmen die Vorposten den Temperaturanstieg zuerst wahr und können anschließend ihre Nestgefährtinnen wecken. Ohne die Vorposten würde die ruhende Nestbevölkerung den Frühlingsbeginn verpassen, denn sie kann in der Tiefe des Nestes den Temperaturanstieg an der Oberfläche nicht wahrnehmen.

Die überwinternden Arbeiterinnen drängen sich um die Königin. Bei Temperaturen knapp über dem Gefrierpunkt verlangsamt sich der Stoffwechsel der Ameisen so weit, dass sie während der Wintermonate keine Nahrung benötigen.

Winterruhe

Dezember

4.1 Erkundung des Waldes

Kundschafterinnen suchen ständig die Umgebung des Nestes nach Nahrung ab.

1 Die meisten Kundschafterinnen verlassen das Nest in den Morgenstunden. Befindet sich das Nest im Hungerzustand, geben einzelne Arbeiterinnen Duftstoffe ab, die den Auslauf von Kundschafterinnen verstärken.

2 Nach Verlassen des Nestes orientieren sich die Kundschafterinnen an der Sonne und dem umgebenden Wald. Sie prägen sich den Sonnenstand und die Position besonders auffälliger Bäume ein.
3 Auf ihrem Weg nutzen die Kundschafterinnen natürliche Wege, wie herabgefallene Äste, um schneller voranzukommen.

4.2 Feinde der Ameisen

Außerhalb des Nestes sind Arbeiterinnen zahlreichen Fressfeinden ausgesetzt, die sich auf die Erbeutung von Ameisen spezialisiert haben.

3 Durch ihre gefüllte Giftdrüse sind Waldameisen für den Specht ungenießbar. Um sie schmackhaft zu machen, verreibt er sie in seinem Gefieder. Dabei verspritzen die Ameisen ihre Ameisensäure vollständig. Die Giftdrüse wird leer und die Ameise dadurch genießbar. Zudem tötet oder vertreibt die Ameisensäure Parasiten. Dieses Verhalten, das „Einemsen“, nutzen auch andere Vögel, wie Amseln oder Drosseln zur Gefiederpflege.

4 Waldameisen bilden die Hauptnahrungsquelle der Grünspechte. Sie verbringen die meiste Zeit am Boden, um nach Ameisen zu suchen.

2 Schnell pickt der Specht mehrere Kundschafterinnen auf und behält sie im Schnabel.

1 Die Kugelspinne der Art *Cryptachaea riparia* ist ein Ameisenjäger. Geschützt unter einem Blatt, wartet sie darauf, dass sich Beute in ihren Fangfäden verfängt.
4 Die zappelnde Ameise versetzt das Spinnennetz in Schwingungen. Die Spinne spürt die Bewegungen und wird auf sie aufmerksam.
2 Eine der Kundschafterinnen stößt an den Fangfaden der Spinne. Sie bleibt an dem mit Leimtropfen benetzten Faden kleben.

6 Die Spinne schleppt die erbeutete Ameise in ihr Netz. In einem Kokon eingesponnen, dient ihr die Ameise als Nahrungsvorrat für sie selbst und für ihre Brut.
5 Die Spinne macht die Ameise mit weiteren Spinnfäden bewegungsunfähig. Anschließend beißt sie ihr in den Nacken. Ihr Gift lähmt die Ameise.
7 Die vertrockneten Überreste der Ameisen entsorgt die Spinne, indem sie sie auf den Boden fallen lässt.
3 Durch ihre Befreiungsversuche löst sich der gespannte Fangfaden vom Boden. Die Ameise wird vom Boden gehoben und verheddert sich weiter.

1 Eine Kundschafterin nähert sich dem Fangtrichter eines Ameisenlöwen, dem Larvenstadium der libellenähnlichen Ameisenjungfer. Die trichterbauenden Arten dieser Larven graben Sandtrichter, um am Boden lebende kleine Gliederfüßer zu erbeuten. Der Sand am Rand des Trichters gerät in Bewegung und die Ameise beginnt hinein zu rutschen.

2 Der lockere Sand verhindert, dass die Ameise Halt findet, und sie rutscht weiter hinab. Ihre Bewegungen verursachen Vibrationen, die der Ameisenlöwe spürt.

3 Der Ameisenlöwe im Zentrum des Trichters bemerkt die strampelnde Ameise. Um ihre Befreiungsversuche zu behindern, schleudert er mit schnellen Kopfbewegungen Sandkörner auf die Ameise.

6 Die vertrockneten Überreste seiner Beute schleudert der Ameisenlöwe aus dem Trichter hinaus.
4 Sobald sich die Ameise in Reichweite der Kieferzangen des Ameisenlöwen befindet, packt er sie und betäubt sie mit Gift.
5 Der Ameisenlöwe zieht die Ameise unter die Erde. Er pumpt Verdauungsflüssigkeit in ihren Körper und saugt sie anschließend aus. Befindet sich der Fangtrichter eines Ameisenlöwen in der Nähe eines Ameisennestes, sind erbeutete Ameisen seine Hauptnahrung.

4.3 Der Nahrungsfund

Die Kundschafterin ist fündig geworden. Sie muss nun den Weg zum Nest zurückfinden und weitere Arbeiterinnen zur Nahrungsquelle führen.

1 Die Kundschafterin kostet von der Nahrung. Wenn sie ihrem Geschmack entspricht, füllt sie ihren Kropf. Je nachdem, wie schmackhaft die Nahrung ist, frisst die Kundschafterin mehr oder weniger.

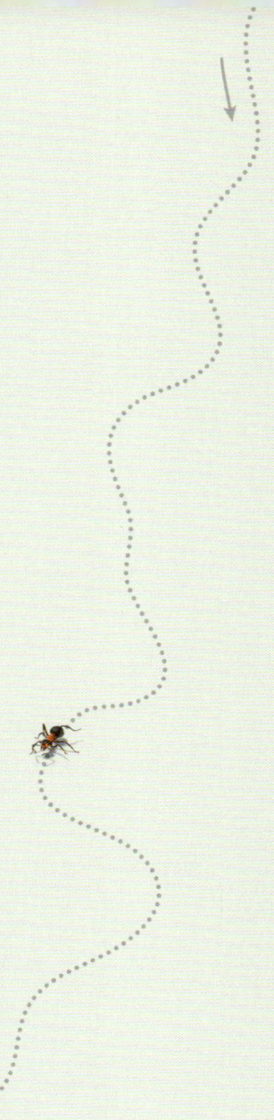

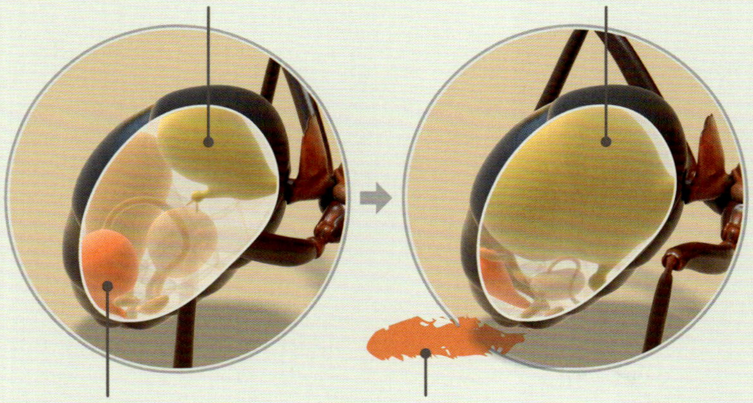

2 Der Kropf der Kundschafterin füllt sich und dehnt sich aus, bis er einen großen Teil des Hinterleibs ausfüllt. Dabei werden die anderen Organe beiseitegedrückt. Auch auf die Rektalblase wird Druck ausgeübt, was zur Abgabe von Kot führt. Wieviel Kot ausgeschieden wird, hängt davon ab, wieviel Nahrung die Kundschafterin aufgenommen hat.

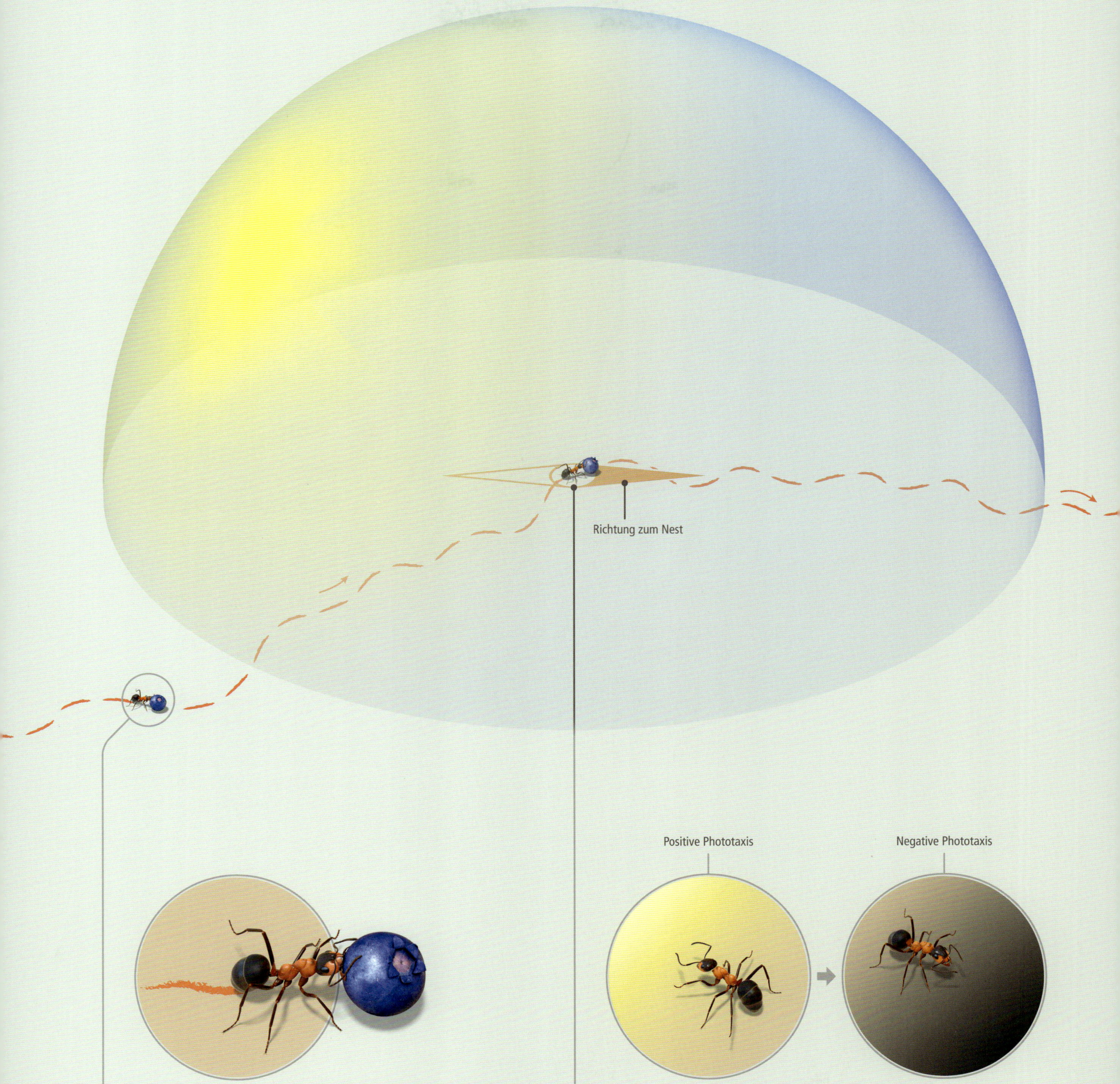

3 Um den Weg zur Nahrungsquelle zu markieren, lässt die heimkehrende Arbeiterin ihre Hinterleibsspitze in regelmäßigen Abständen über dem Boden schleifen und gibt dabei Kot ab. Dieser enthält Pheromone des Enddarms und dient als Duftspur. Die Menge des ausgeschiedenen Kots bestimmt die Intensität des Duftes. Die Kundschafterin wird diese Duftspur bis zu ihrer Heimkehr ins Nest weiter legen

4 Nach dem Nahrungsfund verändert die Kundschafterin die Einstellung ihres Körpers zum Sonnenlicht (*Phototaxis*). Anziehend wirkt nicht mehr das Sonnenlicht, sondern die Dunkelheit. Die Kundschafterin läuft nun in entgegengesetzter Richtung, von der Sonne weg, ungefähr in die Richtung ihres Nestes. Während ihres Laufs weicht sie regelmäßig nach links und rechts vom eingeschlagenen Weg ab. Wird die Abweichung zu groß, korrigiert sie ihren Kurs und pendelt wieder zurück. Dies ergibt einen wellenförmigen Laufpfad.

4.4 Visuelle Orientierung

Auf dem Rückweg erhält die Arbeiterin durch ihre beiden Komplexaugen ein grobes Bild der Umgebung.

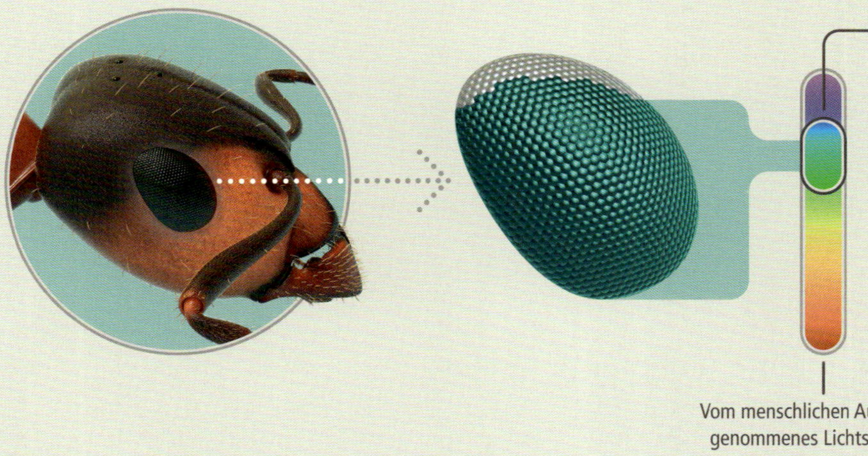

① Die Komplexaugen der Ameisen sind Appositionsaugen. Sie werden aus einer Vielzahl voneinander isolierter Einzelaugen *(Ommatidien)* gebildet, die jeweils ein eigenes Bildsignal erzeugen. Die Augen einer Waldameisenarbeiterin bestehen aus jeweils ca. 580 bis 700 Einzelaugen. Der größte Teil davon ist auf die Wahrnehmung von unpolarisiertem Licht im grün-blauen Bereich des sichtbaren Lichtspektrums spezialisiert.

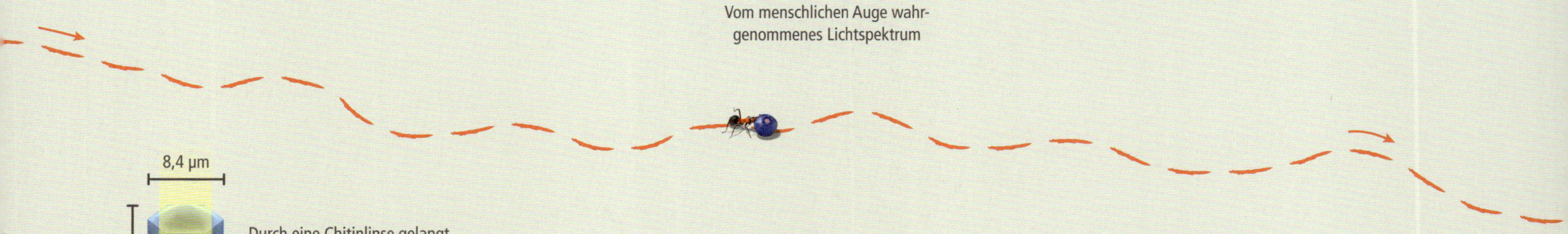

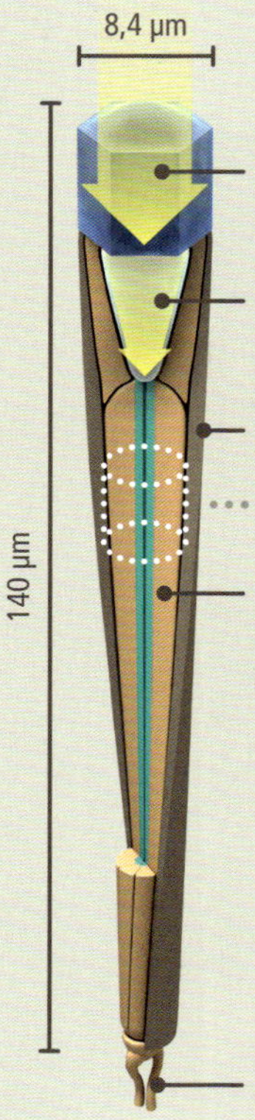

② Das Bild, das Ameisen von ihrer Umgebung haben, ist ein Raster aus vielen hellen und dunklen Bildpunkten. Jeder davon steht für das, was ein Einzelauge *(Ommatidium)* wahrnimmt. Ein Einzelauge kann nur die Intensität eines Lichtstrahls wahrnehmen.

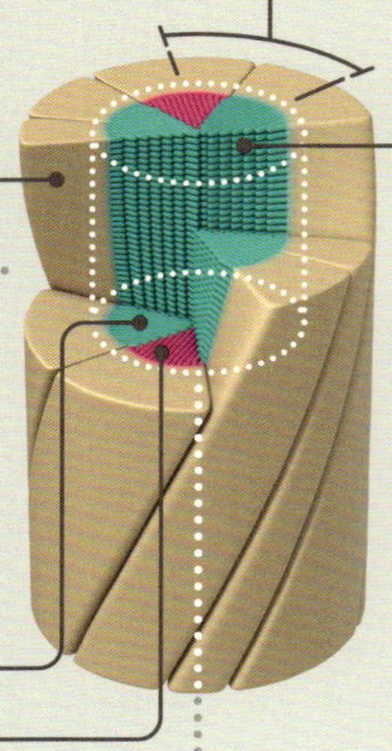

Unzählige übereinandergestapelte Röhrchen bilden die Lichtrezeptoren des Auges. Jede Rezeptorebene besteht aus sechs Blau-Grün-Rezeptoren und zwei UV-Rezeptoren. Durch die Verdrehung der Sehzellen haben die Rezeptoren immer eine andere Ausrichtung.

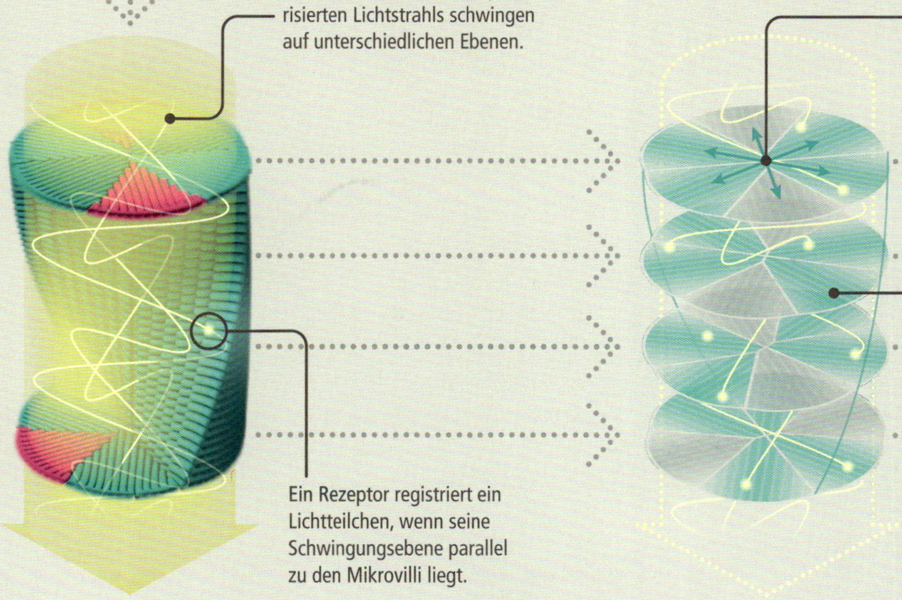

Die Signale der einzelnen Rezeptorebenen werden addiert. Unregelmäßigkeiten gleichen sich aus und es entsteht ein gleichmäßiger Bildpunkt. Von diesem Punkt wird nur der zentrale Bereich ausgewertet.

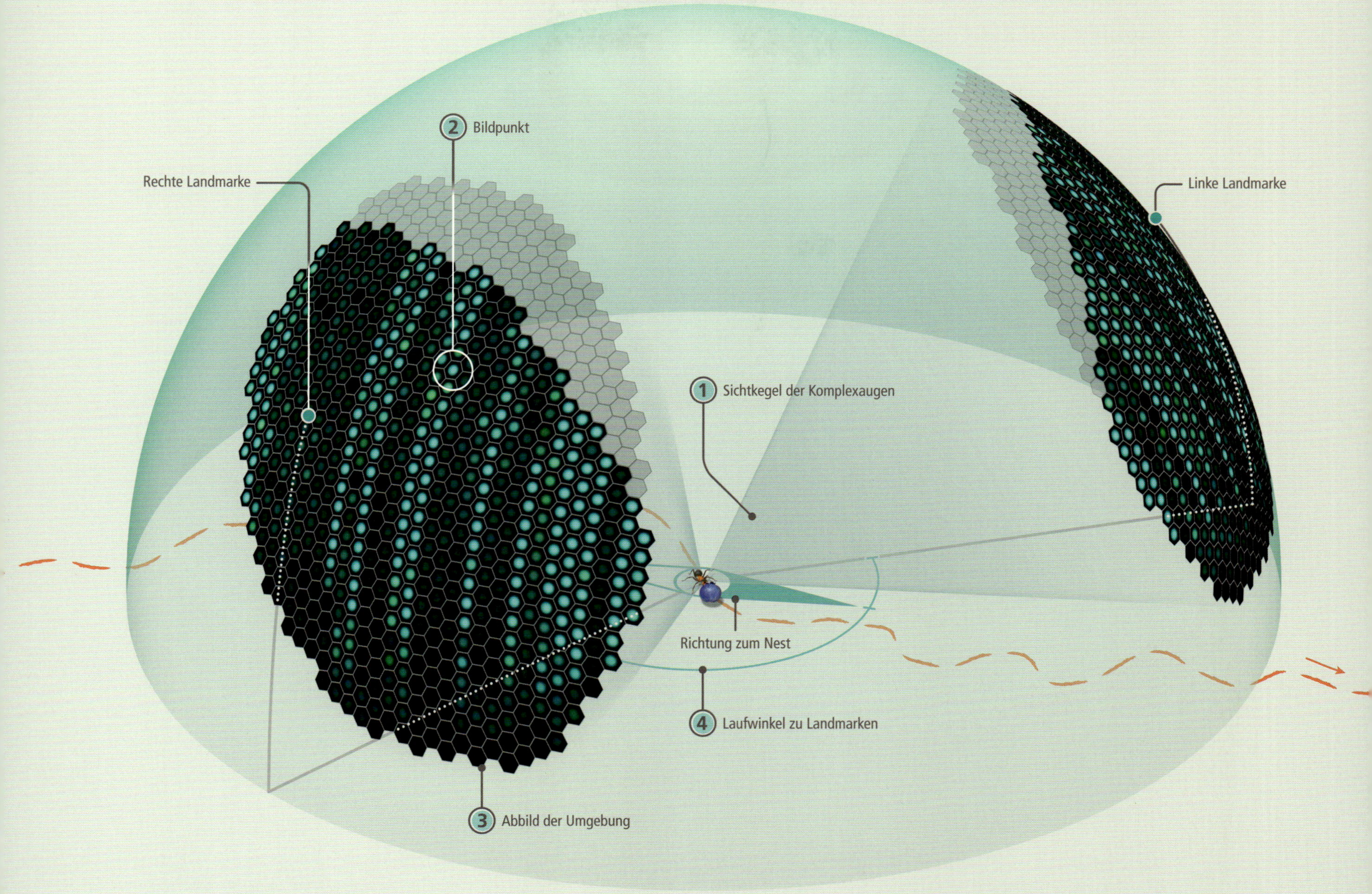

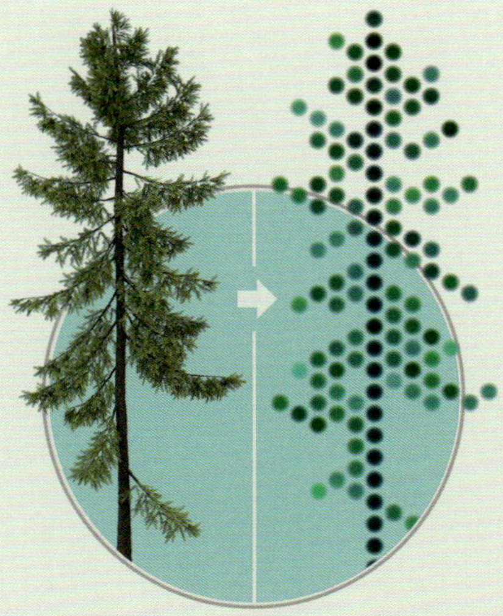

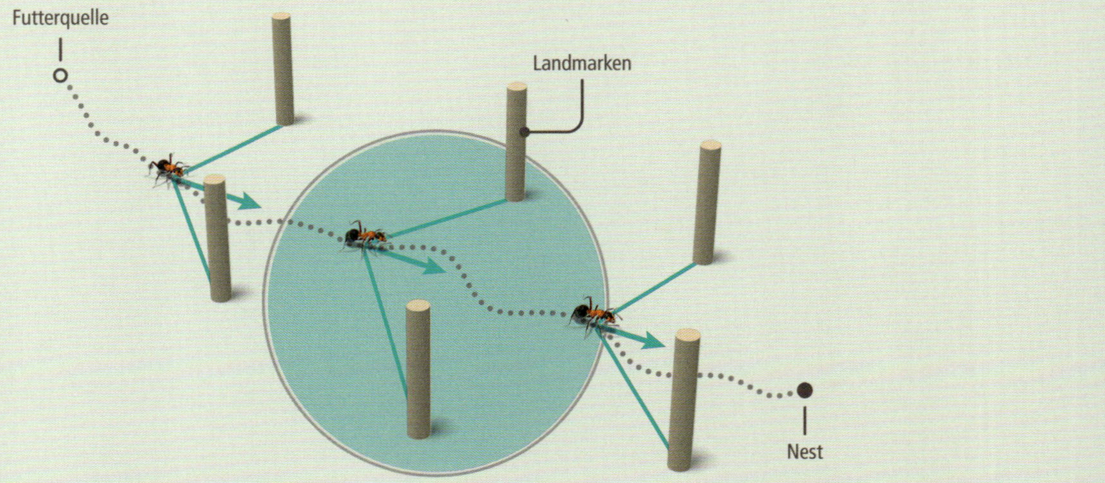

③ Im Gehirn werden die Bildpunkte der Einzelaugen zu einem aufrecht stehenden und grob gerasterten Gesamtbild zusammengesetzt. Dabei wird die Erscheinung des Waldes auf die vertikalen Silhouetten der Baumstämme sowie das Muster des Blätterdachs reduziert. Die Silhouetten der Bäume dienen der Kundschafterin als Landmarken, an denen sie sich orientiert.

④ Die Kundschafterin hat bei früheren Erkundungsgängen die Umgebung des Nestes kennengelernt. Sie hat sich Bäume sowie Lichtquellen eingeprägt und den Winkel, in dem sie dazu gelaufen ist. Bei ihrer Rückkehr erkennt sie diese Geländemerkmale wieder und erinnert sich an die dazugehörigen Richtungswinkel. Wenn sie eine oder mehrere Landmarken wiedererkannt hat, läuft sie in die richtige Richtung zum Nest.

4.5 Himmelsorientierung

Der Sonnenstand und die Polarisation des Sonnenlichts sind weitere Orientierungshilfen und ergänzen die visuelle Orientierung.

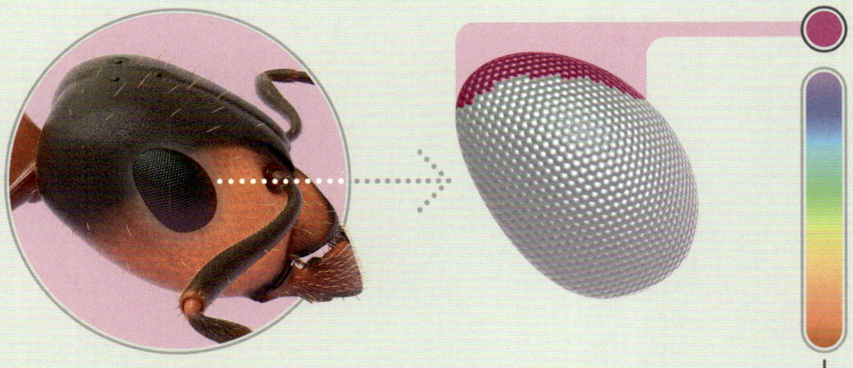

(1) Durch die Komplexaugen kann die Kundschafterin auch die Polarisation des Tageslichts wahrnehmen. Dazu dienen die Einzelaugen der POL-Region am oberen Rand, die auf UV-Licht spezialisiert sind. Mithilfe der Lichtpolarisation kann die Ameise den aktuellen Sonnenstand wahrnehmen, ohne die Sonne selbst sehen zu müssen.

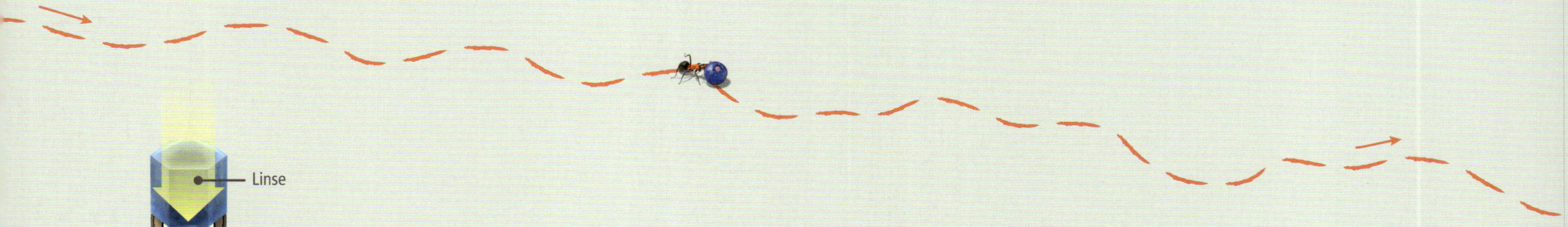

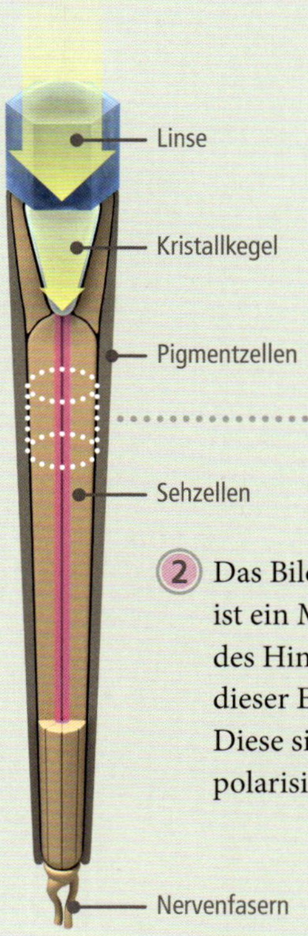

(2) Das Bild der Einzelaugen der POL-Region ist ein Muster, das die Polarisationsrichtung des Himmelslichts abbildet. Der Aufbau dieser Einzelaugen ähnelt dem der anderen. Diese sind jedoch auf die Wahrnehmung polarisierten UV-Lichts spezialisiert.

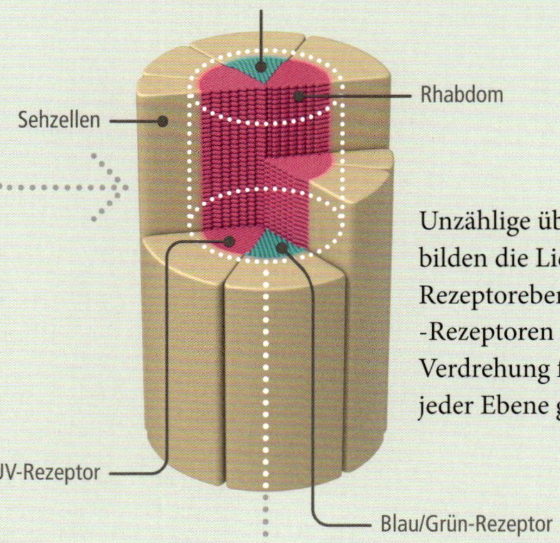

Unzählige übereinandergestapelte Röhrchen bilden die Lichtrezeptoren des Auges. Jede Rezeptorebene besteht aus zwei Blau/Grün-Rezeptoren und sechs UV-Rezeptoren. Eine Verdrehung fehlt, sodass die Rezeptoren auf jeder Ebene gleich ausgerichtet sind.

Polarisiertes Licht erregt auf jeder Ebene nur zwei sich gegenüberliegende Rezeptoren. Die Signale der einzelnen Rezeptorebenen werden addiert und das Endsignal ergibt ein Muster, das die Schwingungsrichtung des Lichtstrahls sichtbar macht.

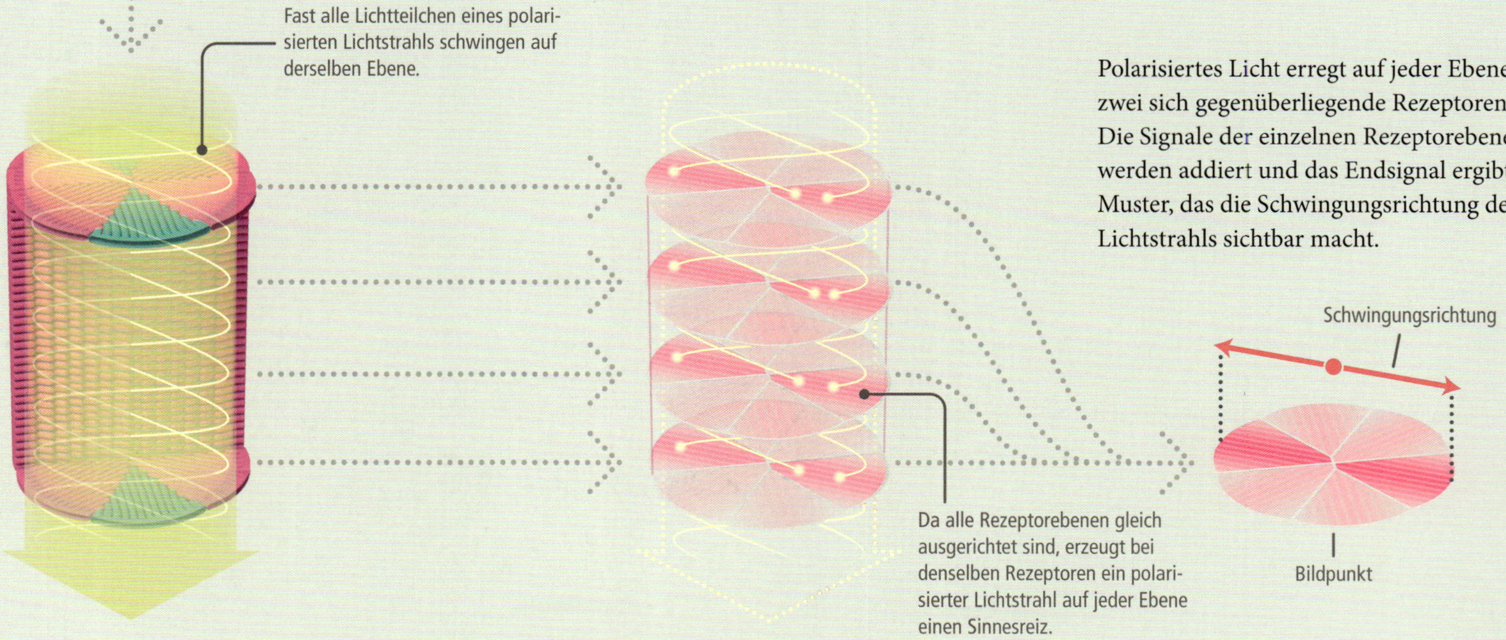

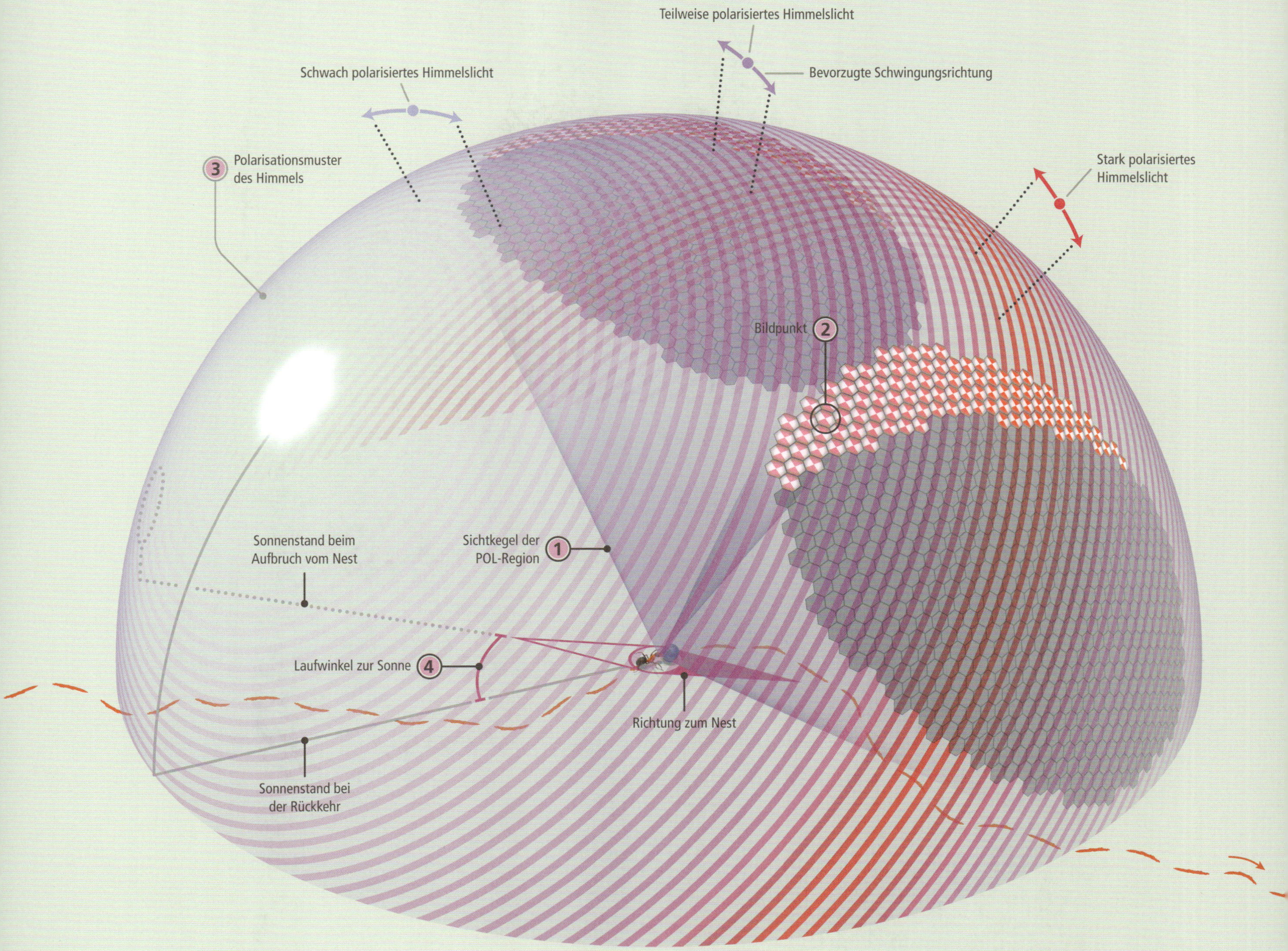

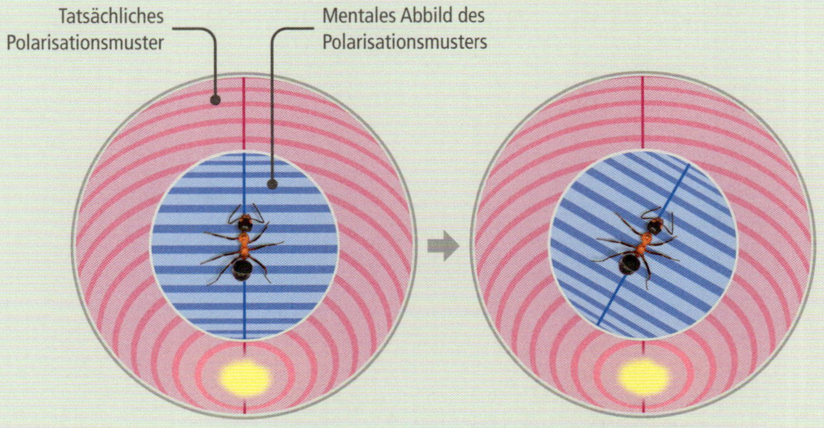

3 Das Polarisationsmuster des Himmels entsteht durch die Brechung und Reflexion des Sonnenlichts in der Erdatmosphäre. Abhängig vom Einfallswinkel werden die Lichtstrahlen unterschiedlich stark polarisiert. Die bevorzugte Schwingungsrichtung der polarisierten Lichtstrahlen ist stets rechtwinklig zur Richtung, in der sich die Sonne befindet. Die Schwingungsrichtungen aller Lichtstrahlen bilden dadurch ein Muster aus konzentrischen Kreisen um die Sonne. Dieses nutzt die Kundschafterin als Orientierungshilfe.

4 Das Polarisationsmuster vergleicht die Kundschafterin mit einem in ihrem Gehirn gespeicherten vereinfachten Abbild. Je nachdem, wie stark die Übereinstimmung beider Muster ist, weiß die Ameise, in welchem Winkel zur Sonne sie sich momentan bewegt. Diese Fähigkeit nutzt die Ameise als Kompass, um die Laufrichtung zum Nest zu bestimmen: Beim Aufbruch vom Nest ist sie auf die Sonne zugelaufen. Auf dem Rückweg läuft sie von der Sonne weg. Weil sich der Sonnenstand im Tagesverlauf jedoch verändert hat, läuft sie in einem bestimmten Winkel zur Sonne und schlägt den richtigen Weg zum Nest ein.

4.6 Rückkehr zum Nest

Hat die Kundschafterin die nähere Umgebung des Nestes erreicht, trifft sie auf Nestgefährtinnen. Der Geruch der Stammesgenossinnen führt sie ans Ziel.

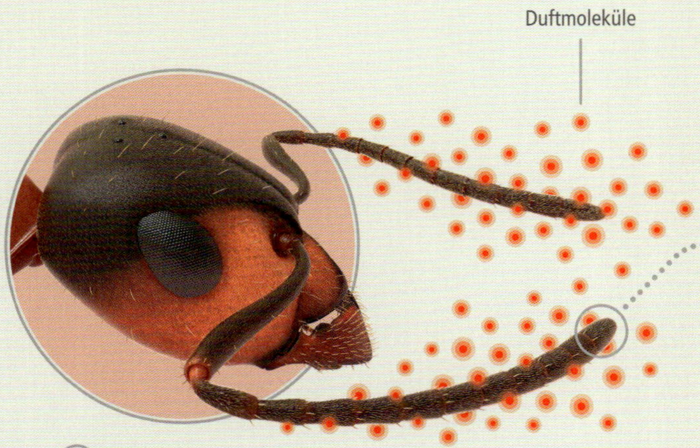

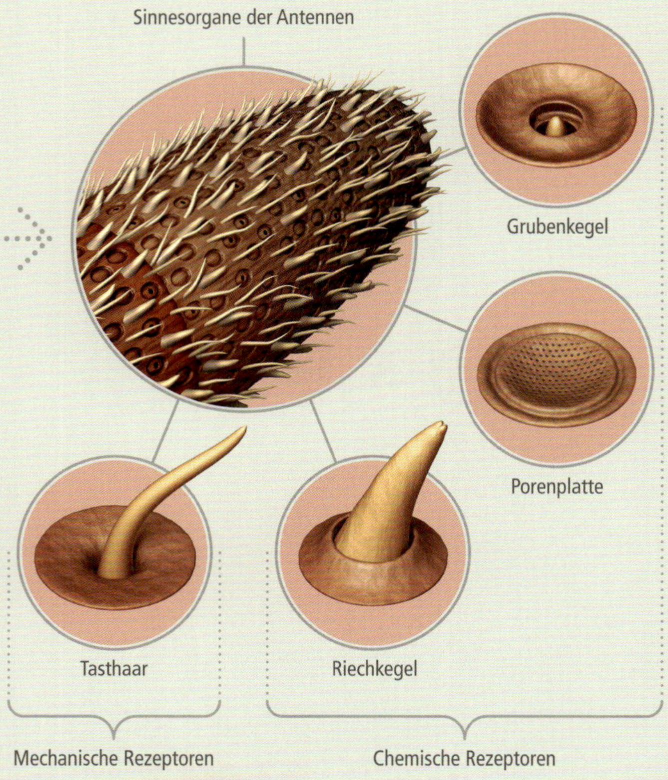

(1) Die wichtigsten Sinne einer Ameise sind ihre Antennen. Ihre Oberfläche ist mit einer Vielzahl von Sinnesorganen, den Haarsensillen, dicht besetzt. Der größte Teil davon sind Tasthaare, die auf Berührungen reagieren. Der andere Teil sind Geruchsrezeptoren in verschiedener Form. Durch sie kann eine Ameise die Umgebungstemperatur, die Luftfeuchtigkeit, den Kohlendioxidgehalt der Luft sowie Geruchsstoffe wahrnehmen. Daneben kann sie mit den Antennen auch schmecken. Die Kundschafterin nimmt den Duft von anderen Ameisen wahr und folgt ihm.

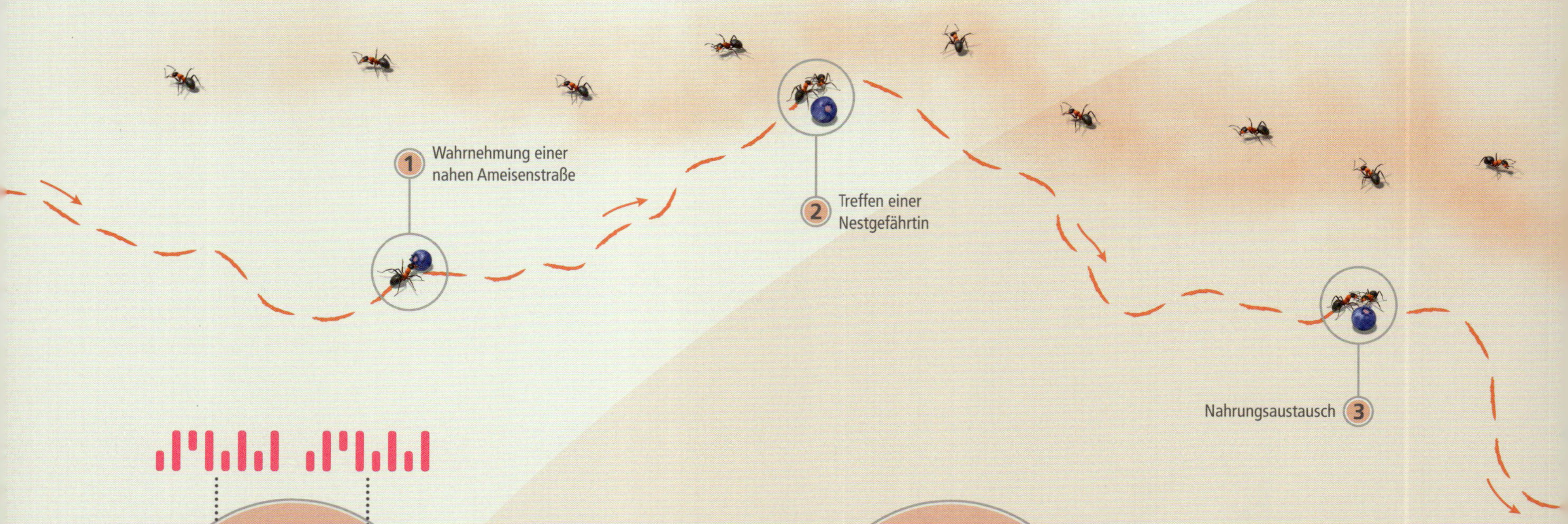

(2) Der Geruch führt sie zu einer nahen Ameisenstraße, wo sie auf eine andere Arbeiterin trifft. Beide Arbeiterinnen betasten sich und überprüfen gegenseitig ihren Nestduft. Gehören die Ameisen zum selben Nest, trennen sie sich, und die Kundschafterin folgt der Ameisenstraße weiter Richtung Nest.

(3) Treffen Arbeiterinnen desselben Nestes aufeinander, tauschen sie meist auch Nahrung untereinander aus. Die Begegnung, gegenseitige Überprüfung des Duftes und der Nahrungsaustausch wiederholen sich mehrmals auf dem Weg zum Nest.

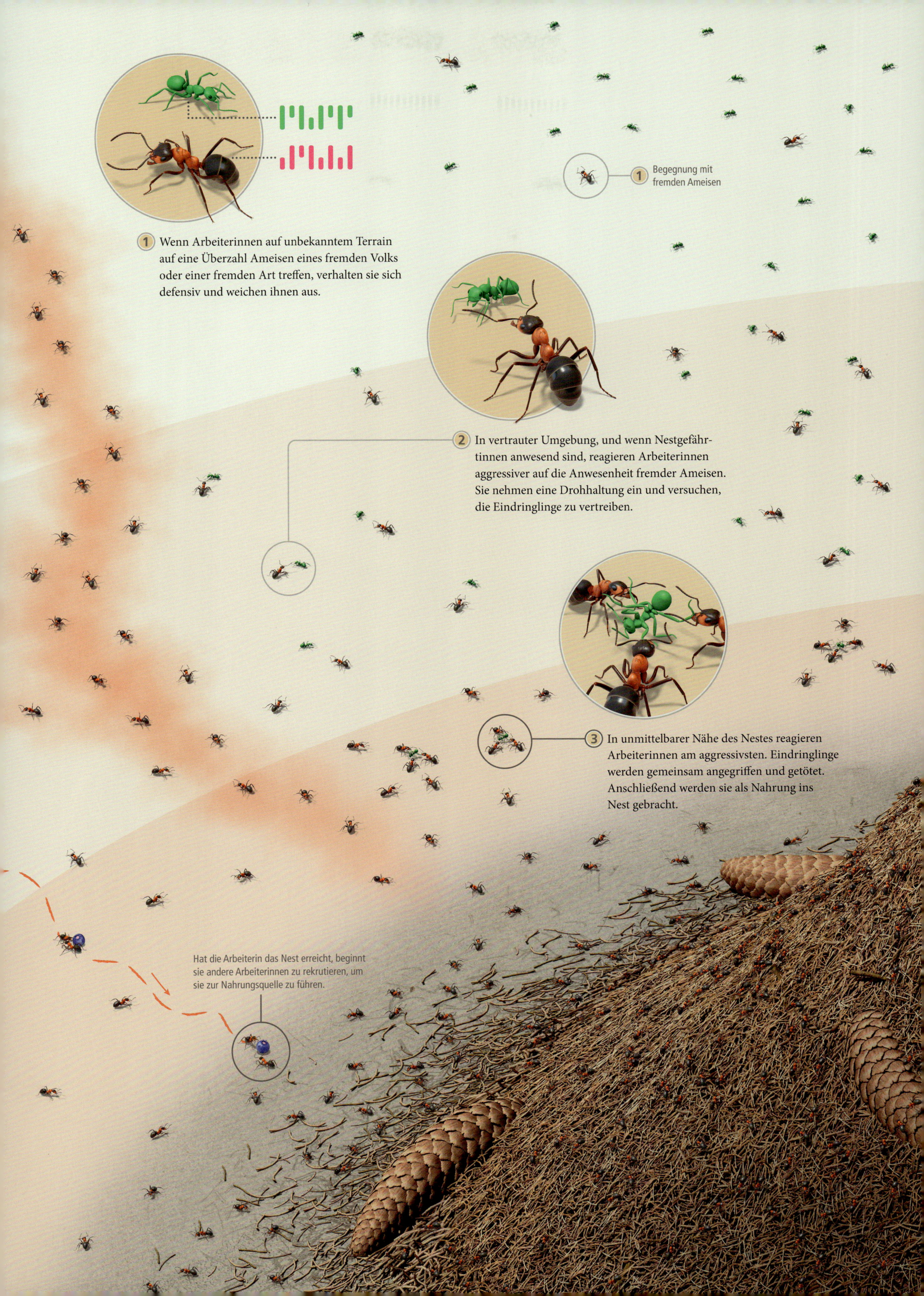

1 Begegnung mit fremden Ameisen
1 Wenn Arbeiterinnen auf unbekanntem Terrain auf eine Überzahl Ameisen eines fremden Volks oder einer fremden Art treffen, verhalten sie sich defensiv und weichen ihnen aus.
2 In vertrauter Umgebung, und wenn Nestgefährtinnen anwesend sind, reagieren Arbeiterinnen aggressiver auf die Anwesenheit fremder Ameisen. Sie nehmen eine Drohhaltung ein und versuchen, die Eindringlinge zu vertreiben.
3 In unmittelbarer Nähe des Nestes reagieren Arbeiterinnen am aggressivsten. Eindringlinge werden gemeinsam angegriffen und getötet. Anschließend werden sie als Nahrung ins Nest gebracht.
Hat die Arbeiterin das Nest erreicht, beginnt sie andere Arbeiterinnen zu rekrutieren, um sie zur Nahrungsquelle zu führen.

5.1 Rekrutierung von Helferinnen

Um die entdeckte Nahrungsquelle auszubeuten, benötigt die Kundschafterin Hilfe. Am Nest informiert sie ihre Gefährtinnen über ihren Fund und wirbt um Helferinnen.

Die heimgebrachte Heidelbeere erregt am Nest Aufmerksamkeit. Arbeiterinnen aus der nahen Umgebung strömen heran und beginnen die Heidelbeere zu zerlegen.

Die Kundschafterin versucht ihre Aufregung über den Nahrungsfund auf ihre Nestgefährtinnen zu übertragen. Sie würgt aus ihrem Kropf einen Tropfen Heidelbeerbrei hervor und bietet ihn zur Futterweitergabe an. Dazu klopft sie mit ihren Antennen auf die Köpfe ihrer Gefährtinnen.

Ergänzend zur taktilen Erregungsübertragung gibt die Kundschafterin aus der Dufourschen Drüse in ihrem Hinterleib Pheromone ab. Die flüchtigen Duftmoleküle verbreiten sich in der Umgebung und lösen einen Nahrungsalarm aus.

Nahe Arbeiterinnen registrieren über die Geruchsrezeptoren ihrer Antennen die Duftmoleküle. Ist die Konzentration der Moleküle ausreichend hoch, wirken sie als Aufforderung, das Nest zu verlassen und sich auf Nahrungssuche zu begeben.

Die Duftspur, die die Kundschafterin auf dem Rückweg zum Nest gelegt hat, dient den auslaufenden Arbeiterinnen als Orientierungshilfe und leitet sie zur Nahrungsquelle.

Die paarigen Antennen verleihen den Ameisen
eine räumliche Wahrnehmung der Duftspur,
sodass sie ihr präzise folgen können.

Die rekrutierten Arbeiterinnen sind in der Regel ältere und erfahrene Ameisen. Wenn das Nest unter Nahrungsmangel leidet, lassen sich auch junge und unerfahrene Arbeiterinnen rekrutieren. Auf dem Weg zur Nahrungsquelle prägen sich diese die Lage der Bäume ein, sodass sie sich in Zukunft auch ohne Duftspur im Wald orientieren können.

Am Ende der Duftspur entdecken die Rekruten die Heidelbeeren. Sie füllen ihren Kropf und machen sich auf den Rückweg zum Nest. Kleinere Beeren werden gemeinsam zum Nest geschleppt.

5.2 Entstehung einer Ameisenstraße

Ameisenstraßen führen in der Regel zu größeren Nahrungsquellen. Der Straßenverlauf ist dynamisch und passt sich dem Nahrungsangebot an.

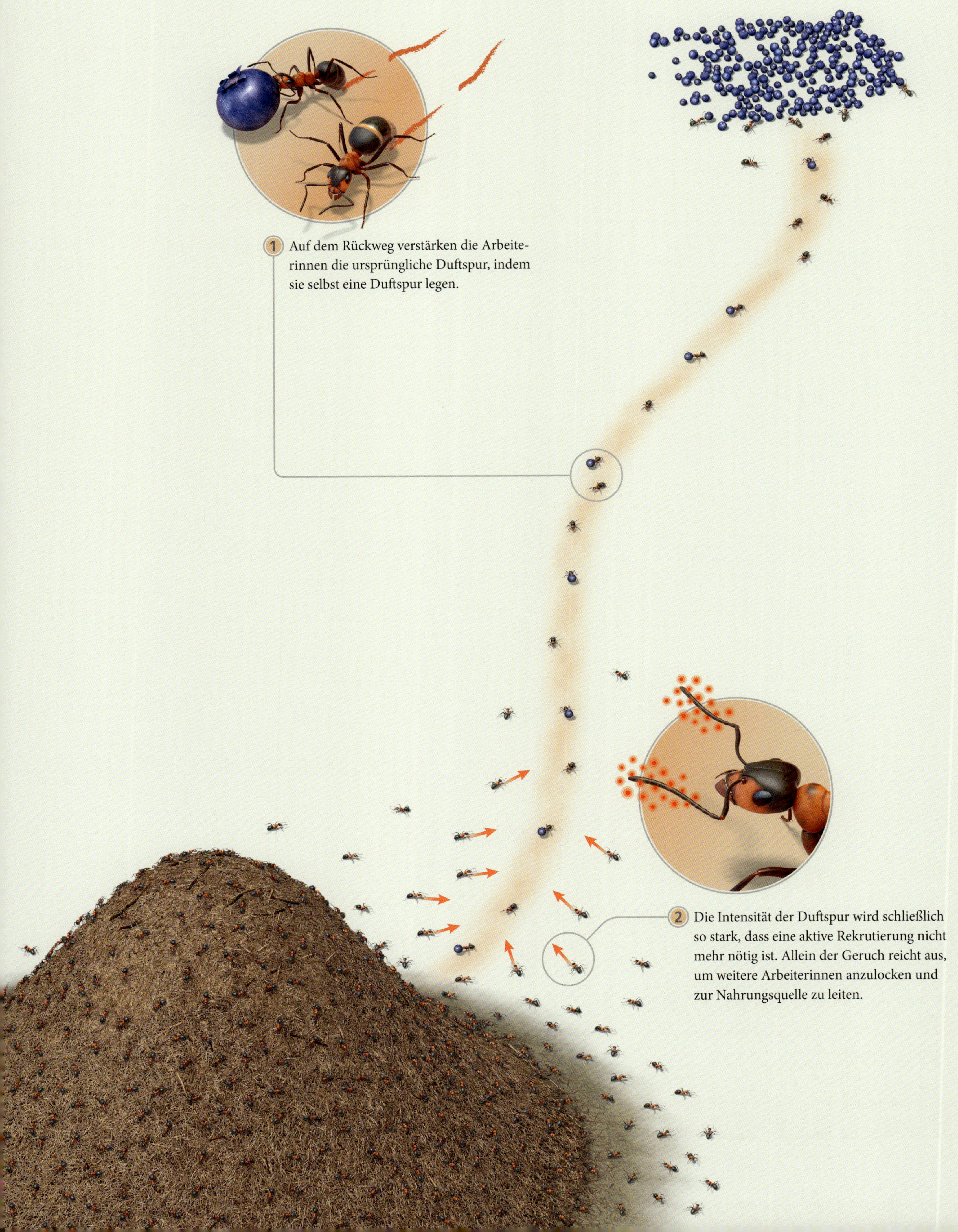

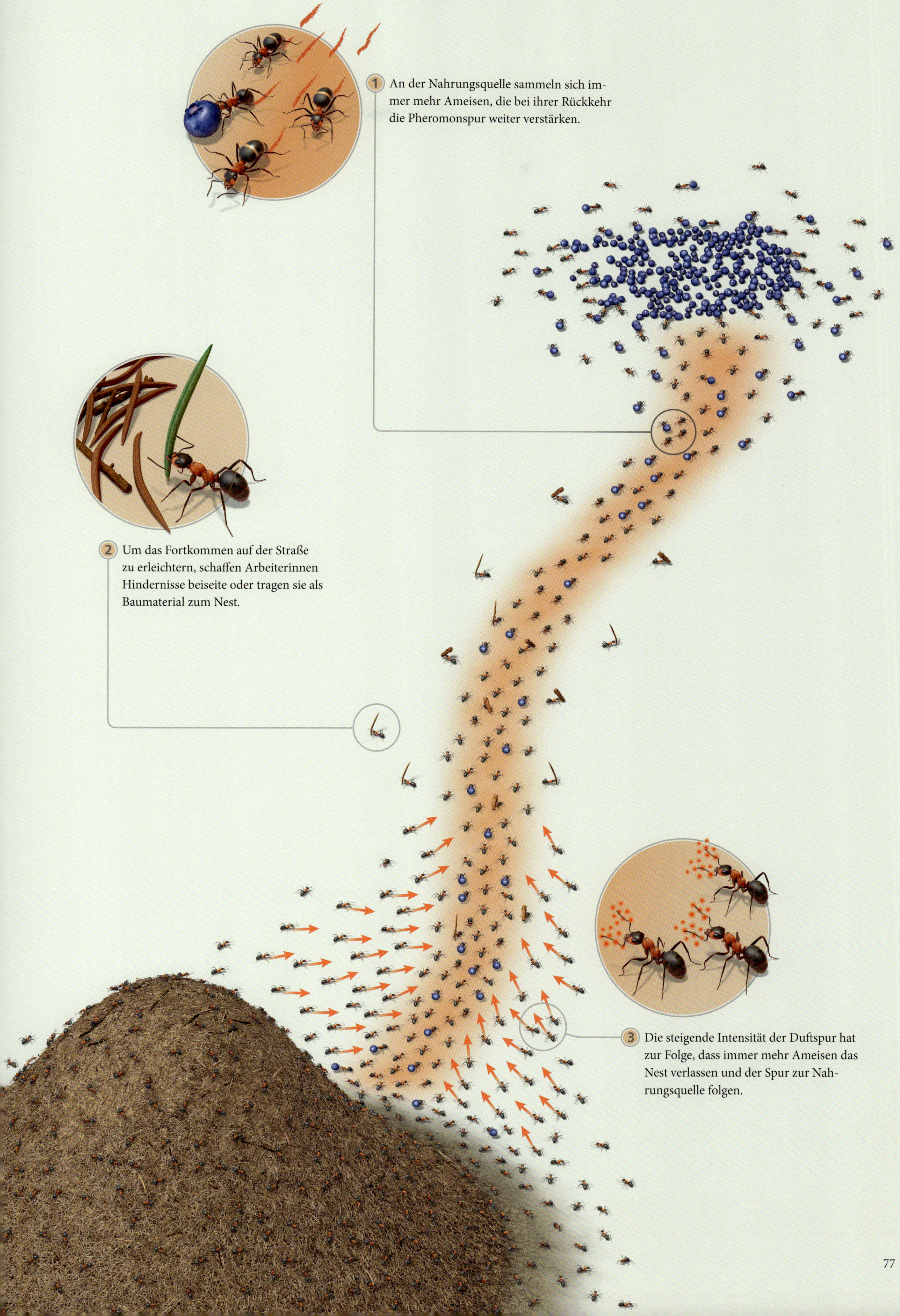
1
An der Nahrungsquelle sammeln sich immer mehr Ameisen, die bei ihrer Rückkehr die Pheromonspur weiter verstärken.
2
Um das Fortkommen auf der Straße zu erleichtern, schaffen Arbeiterinnen Hindernisse beiseite oder tragen sie als Baumaterial zum Nest.
3
Die steigende Intensität der Duftspur hat zur Folge, dass immer mehr Ameisen das Nest verlassen und der Spur zur Nahrungsquelle folgen.

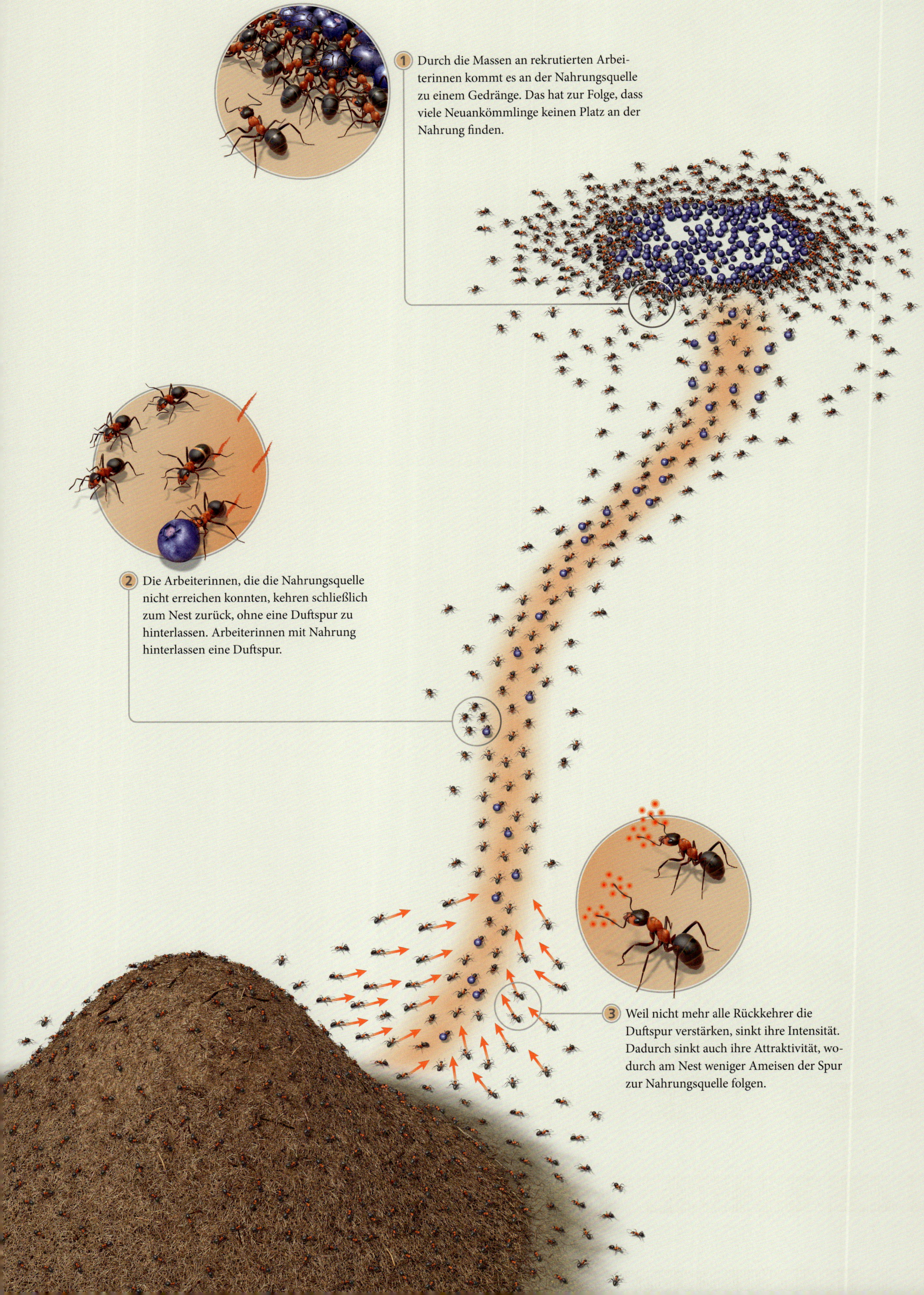
1 Durch die Massen an rekrutierten Arbeiterinnen kommt es an der Nahrungsquelle zu einem Gedränge. Das hat zur Folge, dass viele Neuankömmlinge keinen Platz an der Nahrung finden.
2 Die Arbeiterinnen, die die Nahrungsquelle nicht erreichen konnten, kehren schließlich zum Nest zurück, ohne eine Duftspur zu hinterlassen. Arbeiterinnen mit Nahrung hinterlassen eine Duftspur.
3 Weil nicht mehr alle Rückkehrer die Duftspur verstärken, sinkt ihre Intensität. Dadurch sinkt auch ihre Attraktivität, wodurch am Nest weniger Ameisen der Spur zur Nahrungsquelle folgen.

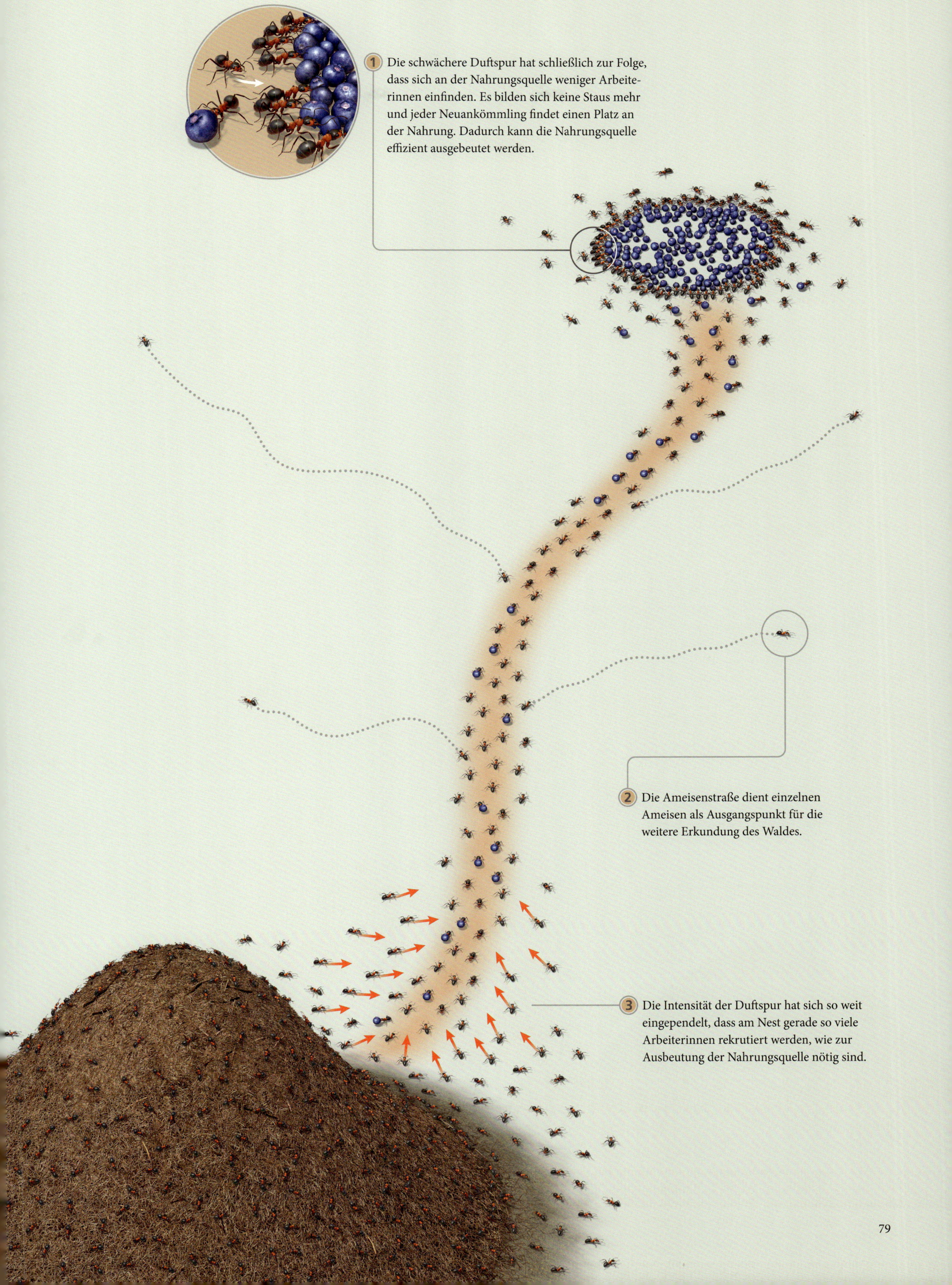
1 Die schwächere Duftspur hat schließlich zur Folge, dass sich an der Nahrungsquelle weniger Arbeiterinnen einfinden. Es bilden sich keine Staus mehr und jeder Neuankömmling findet einen Platz an der Nahrung. Dadurch kann die Nahrungsquelle effizient ausgebeutet werden.
2 Die Ameisenstraße dient einzelnen Ameisen als Ausgangspunkt für die weitere Erkundung des Waldes.
3 Die Intensität der Duftspur hat sich so weit eingependelt, dass am Nest gerade so viele Arbeiterinnen rekrutiert werden, wie zur Ausbeutung der Nahrungsquelle nötig sind.

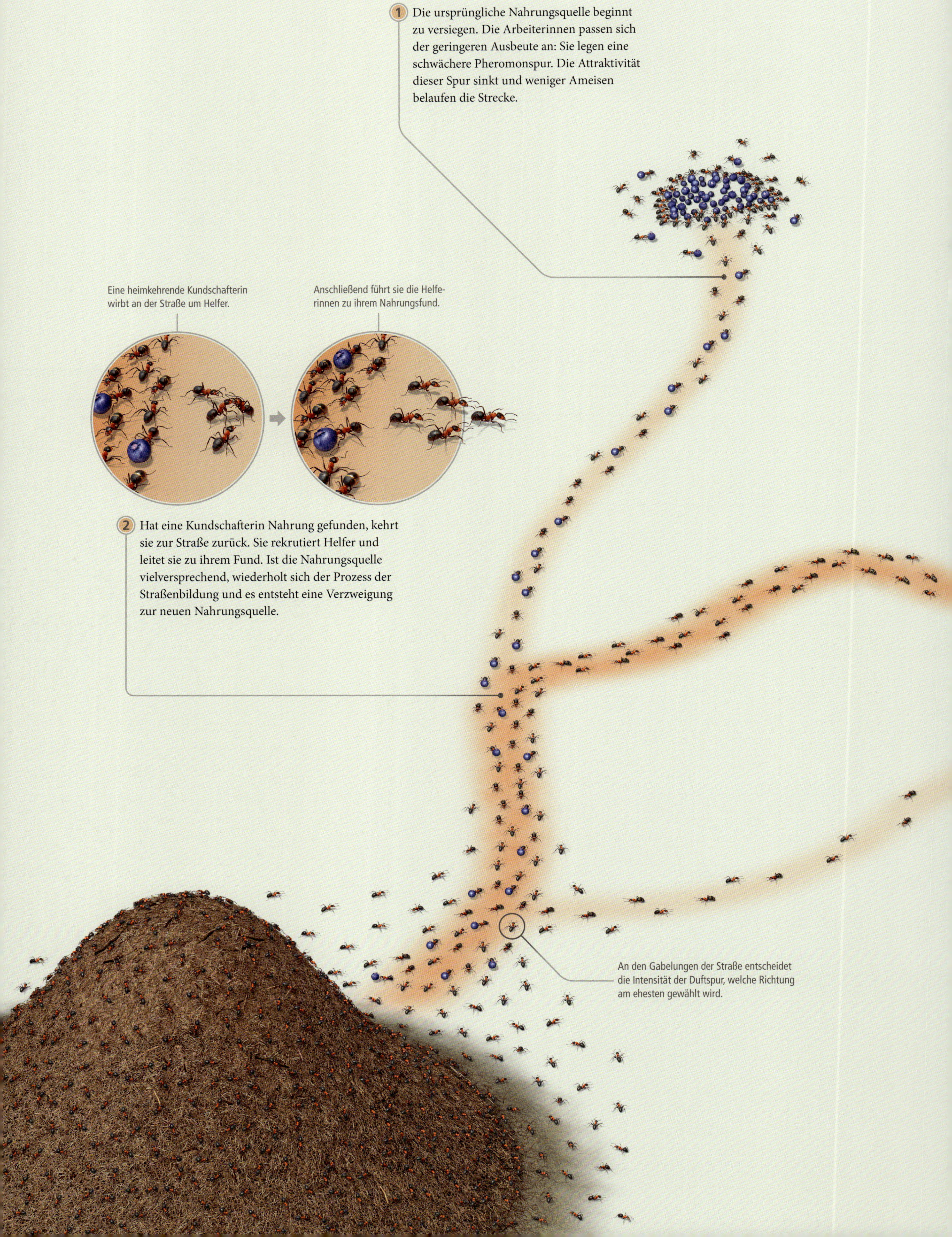
1 Die ursprüngliche Nahrungsquelle beginnt zu versiegen. Die Arbeiterinnen passen sich der geringeren Ausbeute an: Sie legen eine schwächere Pheromonspur. Die Attraktivität dieser Spur sinkt und weniger Ameisen belaufen die Strecke.
Eine heimkehrende Kundschafterin wirbt an der Straße um Helfer.
Anschließend führt sie die Helferinnen zu ihrem Nahrungsfund.
2 Hat eine Kundschafterin Nahrung gefunden, kehrt sie zur Straße zurück. Sie rekrutiert Helfer und leitet sie zu ihrem Fund. Ist die Nahrungsquelle vielversprechend, wiederholt sich der Prozess der Straßenbildung und es entsteht eine Verzweigung zur neuen Nahrungsquelle.
An den Gabelungen der Straße entscheidet die Intensität der Duftspur, welche Richtung am ehesten gewählt wird.

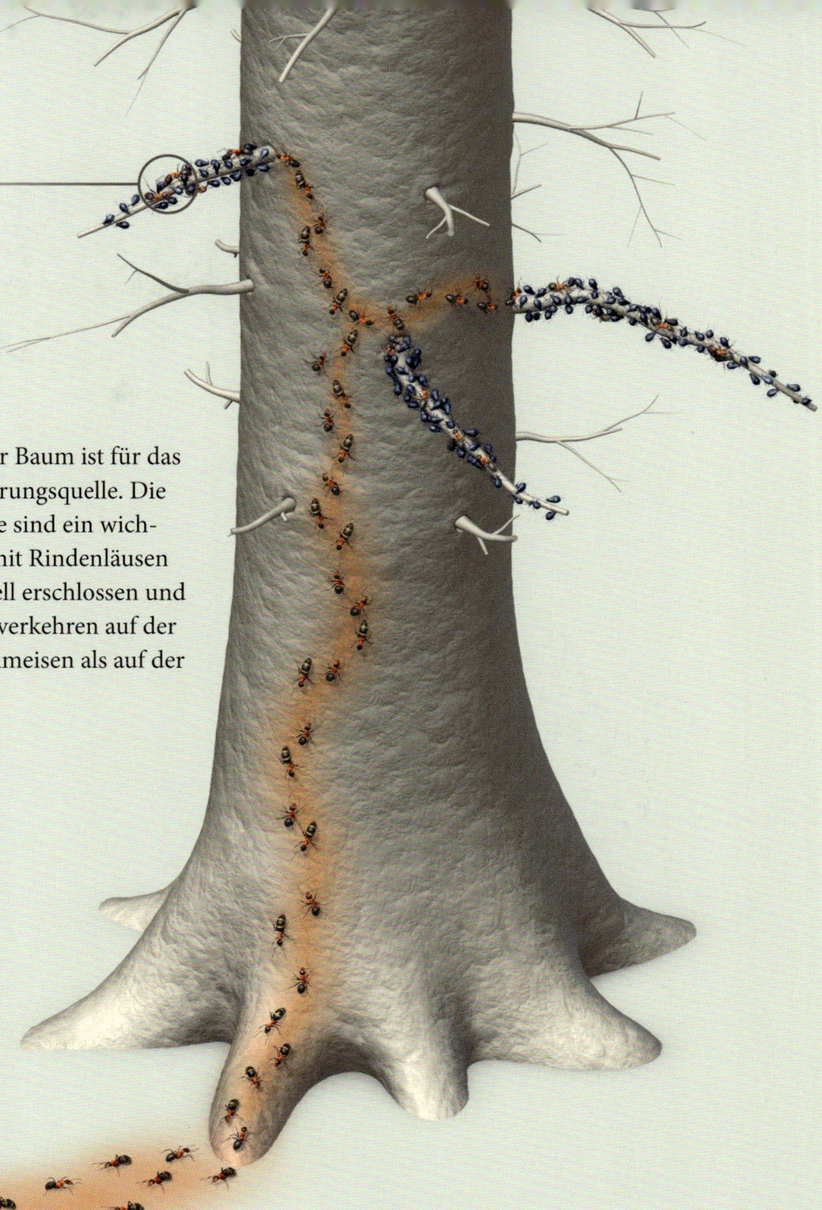

3 Ein von Rindenläusen bewohnter Baum ist für das Ameisenvolk eine wertvolle Nahrungsquelle. Die süßen Ausscheidungen der Läuse sind ein wichtiger Energielieferant. Die Äste mit Rindenläusen werden von Arbeiterinnen schnell erschlossen und regelmäßig besucht. Schon bald verkehren auf der Verzweigung zum Baum mehr Ameisen als auf der ursprünglichen Straße.

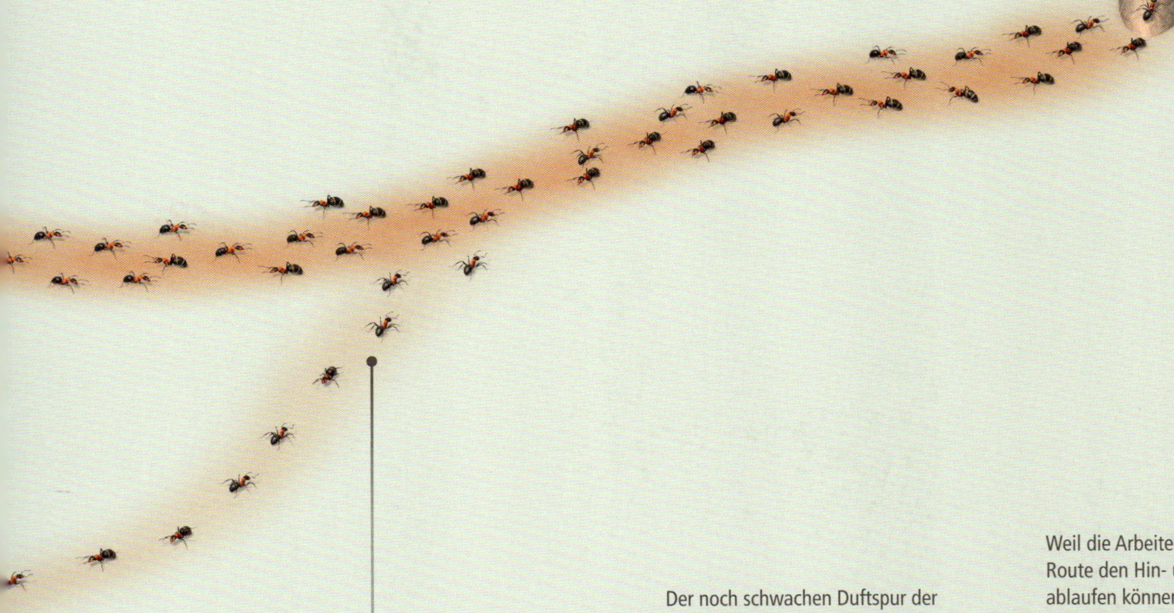

Der noch schwachen Duftspur der kurzen Route folgen zunächst nur einzelne Arbeiterinnen.

Weil die Arbeiterinnen auf der kurzen Route den Hin- und Rückweg schneller ablaufen können, steigt die Intensität der Duftspur und die Route wird von mehr Arbeiterinnen genutzt.

Schließlich ist die Duftspur des kurzen Weges stärker als die des langen. Die meisten Arbeiterinnen nutzen jetzt die kurze Route.

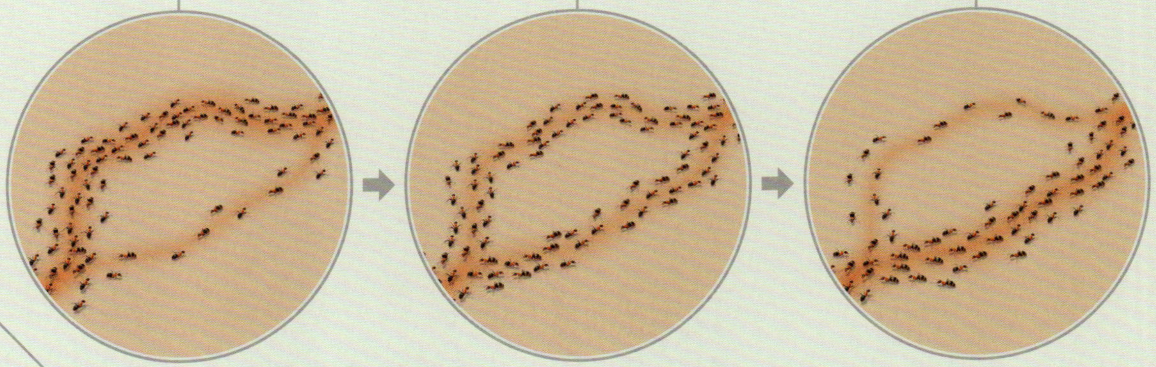

4 Auf dem Rückweg folgen jedoch nicht alle Ameisen dem Straßenverlauf. Einige Arbeiterinnen finden Abkürzungen und können den Weg zwischen Nest und Baum schneller ablaufen. Durch den stärkeren Belauf steigt die Attraktivität der Abkürzung. Mit der Zeit wird sich der Verlauf der Ameisenstraße von der langen auf die kurze Route verlagern, und die neue Nahrungsquelle kann effizienter ausgebeutet werden.

6.1 Die Baumlauskolonie

Ein Baum wird von mehreren Kolonien Baumläusen bewohnt, die sich vom Saft des Baumes ernähren. Ihre süßen Ausscheidungen sind eine wichtige Nahrungsquelle für Waldameisen. Um die Ausscheidungen aufzusammeln, werden die Kolonien intensiv von Arbeiterinnen besucht.

Beim Belaufen des Baumes nutzen die Arbeiterinnen im Frühjahr die warme Sonnenseite, später die dem Nest zugewandte Seite. Wird der Baum sehr dicht belaufen, nutzen die auf- und abwärts laufenden Ameisen getrennte Bereiche, sodass sie einander nicht behindern.

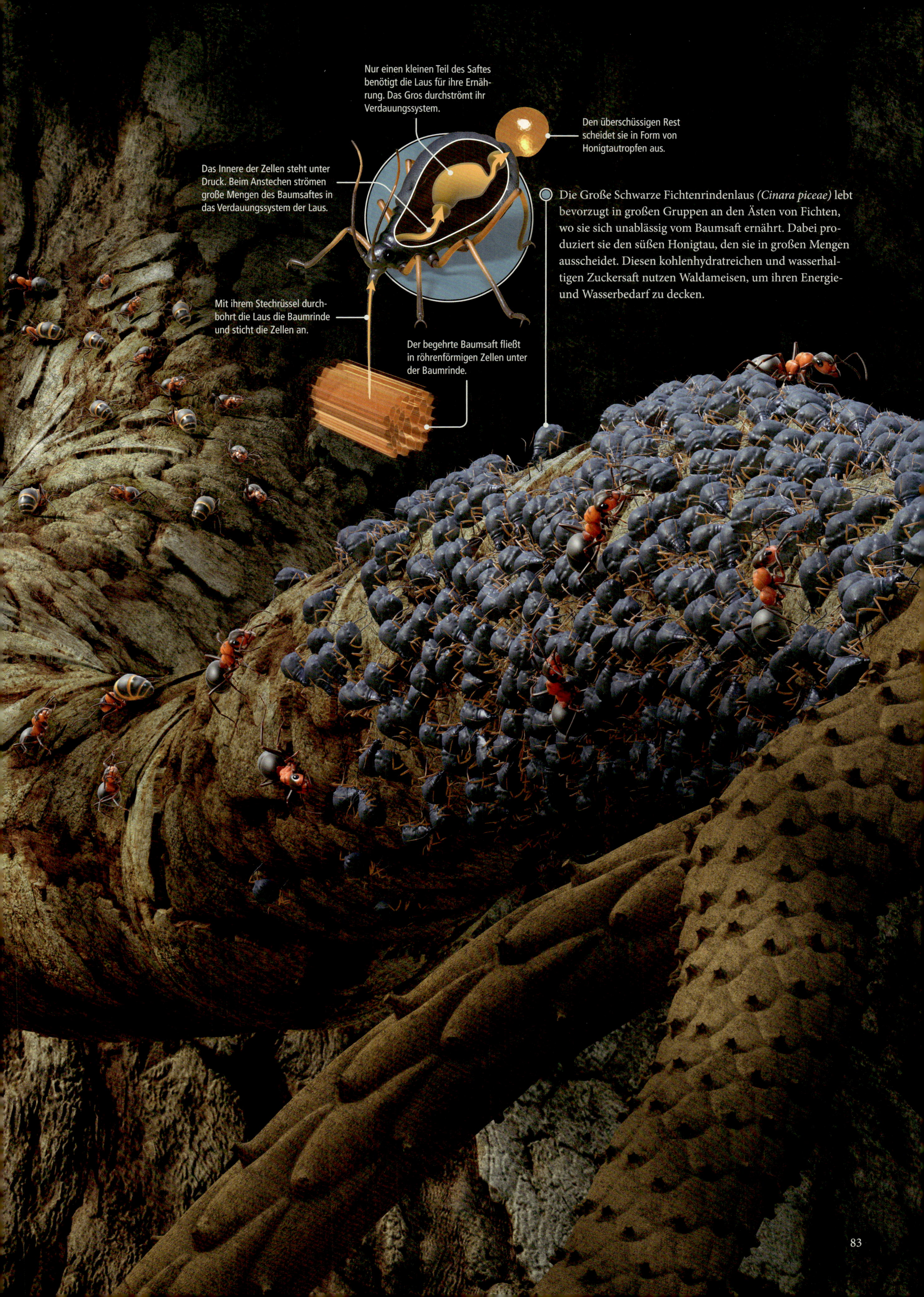

Die Große Schwarze Fichtenrindenlaus *(Cinara piceae)* lebt bevorzugt in großen Gruppen an den Ästen von Fichten, wo sie sich unablässig vom Baumsaft ernährt. Dabei produziert sie den süßen Honigtau, den sie in großen Mengen ausscheidet. Diesen kohlenhydratreichen und wasserhaltigen Zuckersaft nutzen Waldameisen, um ihren Energie- und Wasserbedarf zu decken.

An der Baumlauskolonie wandern die Arbeiterinnen zwischen den Läusen umher und nehmen jeden Tropfen Honigtau auf. Das Einsammeln des Honigtaus ist für Ameisen und Baumläuse von Vorteil. Die Ameisen erhalten in großen Mengen ein wichtiges Nahrungsmittel, die Läuse werden von ihren klebrigen Ausscheidungen befreit. Ohne Ameisen würden die Mengen an Honigtau die Läuse ersticken. Zudem würde sich auf dem Honigtau ein Belag von Pilzen bilden, der die Läuse überwuchert und die Äste schädigt. Die Entnahme des Honigtaus erhöht zudem die Saugtätigkeit der Läuse. Die gesteigerte Nahrungsaufnahme führt zu einer größeren Fruchtbarkeit, was die Verbreitung der Läuse fördert.

1 Wenn sich eine Ameise einer Baumlaus nähert, die bereit ist, Honigtau abzugeben, reckt die Baumlaus ihren Hinterleib in die Höhe und lässt einen kleinen Tropfen Honigtau austreten. Ihre Hinterbeine streckt sie ebenfalls nach oben und bewegt sie. Dadurch erregt sie die Aufmerksamkeit der Ameise.

2 Die Arbeiterin nähert sich der Baumlaus. Mit ihren Antennen und Vorderbeinen klopft und streichelt sie den Hinterleib der Baumlaus, dessen Form dem Kopf einer Ameise gleicht. Die Baumlaus antwortet, indem sie ihre Hinterbeine hebt und die Antennenbewegungen einer Ameise nachahmt. Die Arbeiterin hält die Baumlaus für eine andere Ameise und bettelt mit ihren Berührungen um Nahrung.
3 Durch den Schlagabtausch wird die Abgabe eines Honigtautropfens ausgelöst. Dieser wird von der Arbeiterin aufgeleckt und er gelangt zur Speicherung in ihren Kropf. Anschließend wendet sich die Arbeiterin weiteren Baumläusen zu.
4 Sobald der Kropf der Arbeiterin gefüllt ist, übergibt sie den Honigtau Mund zu Mund an Arbeiterinnen, die ihn zum Nest transportieren.

6.2 Feinde und Konkurrenten

Eine Baumlauskolonie hat durch ihre Beziehung zu den Waldameisen einen wichtigen Vorteil: Die Ameisen sichern ihnen den Schutz vor natürlichen Feinden. Zudem wehren sie konkurrierende andere Nutznießer im Kampf um den begehrten Honigtau ab.

Die Baumlauskolonien werden dauerhaft von Ameisen besucht. Durch ihre Anwesenheit bemerken die Arbeiterinnen schnell, wenn die Kolonien von Räubern bedroht werden. Findet ein Angriff statt, eilen sie herbei, nehmen eine Drohhaltung ein und versuchen den Feind abzuwehren.

Bei Kontakt mit Feinden geben Baumläuse Alarmpheromone ab. Diese verbreiten sich in der Umgebung und lösen bei den Läusen in der nächsten Umgebung eine Fluchtreaktion aus.

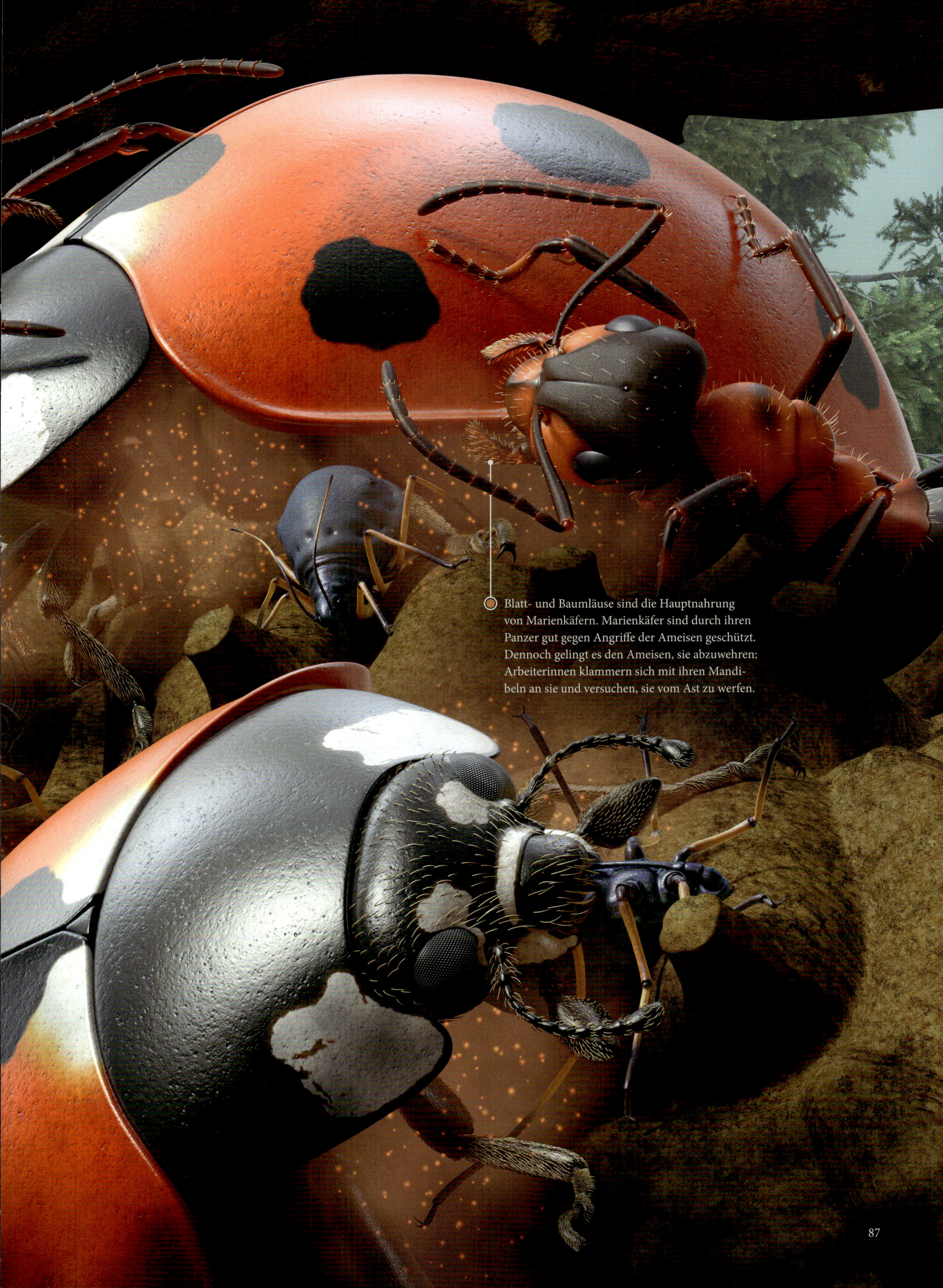

Blatt- und Baumläuse sind die Hauptnahrung von Marienkäfern. Marienkäfer sind durch ihren Panzer gut gegen Angriffe der Ameisen geschützt. Dennoch gelingt es den Ameisen, sie abzuwehren: Arbeiterinnen klammern sich mit ihren Mandibeln an sie und versuchen, sie vom Ast zu werfen.

Neben Ameisen sind Honigbienen ein wichtiger Sammler von Honigtau. Sie bereiten daraus Waldhonig. Durch die intensive Pflege der Ameisen sind die Baumlauskolonien größer und produzieren mehr Honigtau als Kolonien in ameisenfreien Gebieten. Dieses erhöhte Angebot an Honigtau kommt Bienen zugute und steigert ihre Produktion von Waldhonig. Kommen sammelnde Bienen den Ameisen jedoch zu nahe, werden sie verjagt.

Abseits gelegene Gruppen von Baumläusen werden von Ameisen seltener besucht und gemolken. Den überschüssigen Honigtau verspritzen die Läuse dann in der Umgebung. Anders als Ameisen melken Bienen die Läuse nicht. Stattdessen sammeln sie den Honigtau ein, indem sie die verspritzten Tropfen auflecken.

Durch das Anzapfen der Leitungsbahnen entnehmen die Baumläuse den Zweigen Nährstoffe. Sie verwelken und sterben ab. Auf toten Zweigen finden Baumläuse keine Nahrung mehr und produzieren keinen Honigtau. Wenn es so weit ist, unterstützen Arbeiterinnen die Baumläuse beim Umzug auf einen frischen Ast.

6.3 Pflanzliche Nahrung

Pflanzliche Nahrung ist reich an Kohlehydraten und liefert den Arbeiterinnen die Betriebsenergie für ihre Aktivitäten. Etwa zwei Drittel der Gesamternährung ist pflanzlichen Ursprungs.

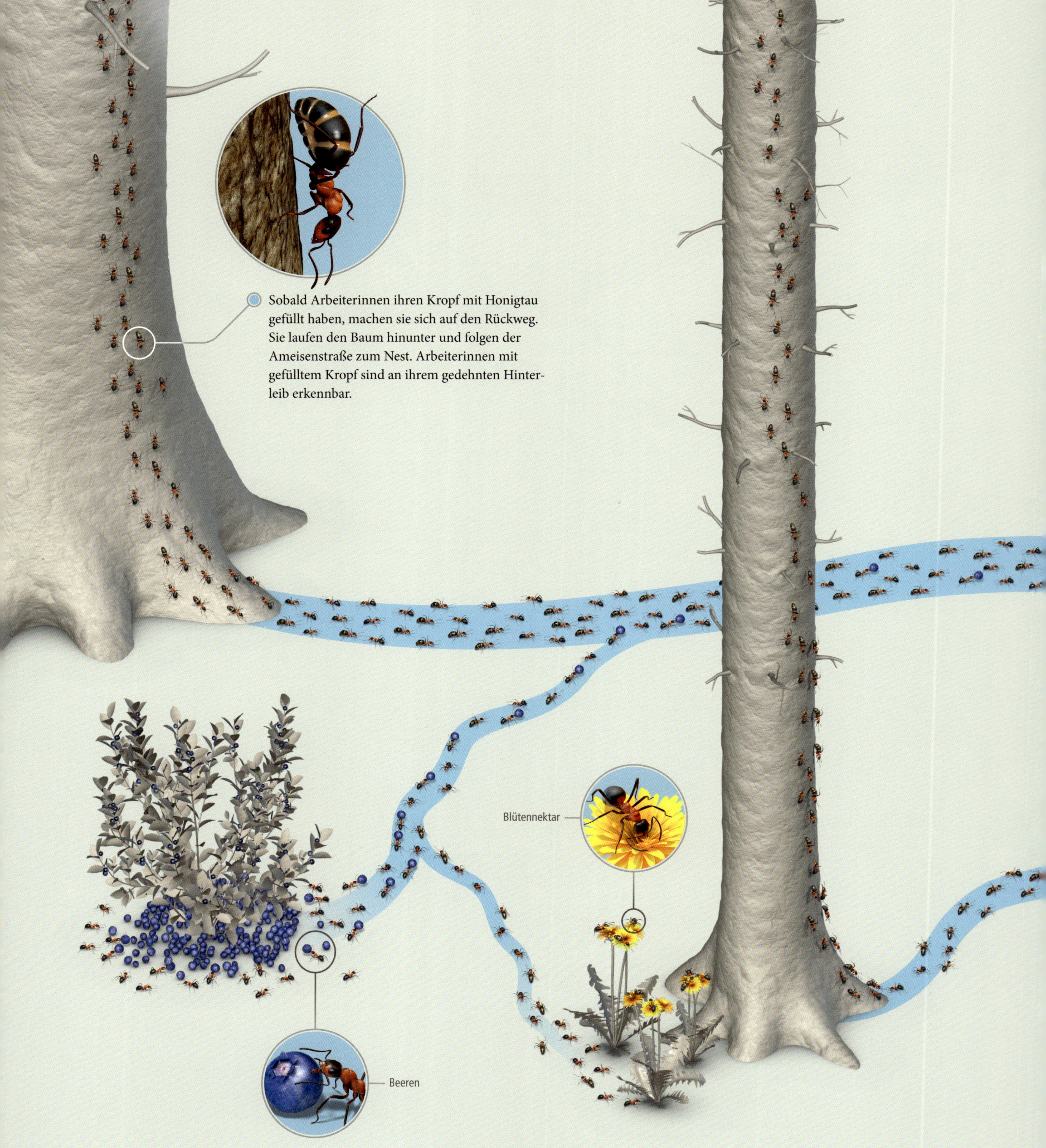

Sobald Arbeiterinnen ihren Kropf mit Honigtau gefüllt haben, machen sie sich auf den Rückweg. Sie laufen den Baum hinunter und folgen der Ameisenstraße zum Nest. Arbeiterinnen mit gefülltem Kropf sind an ihrem gedehnten Hinterleib erkennbar.

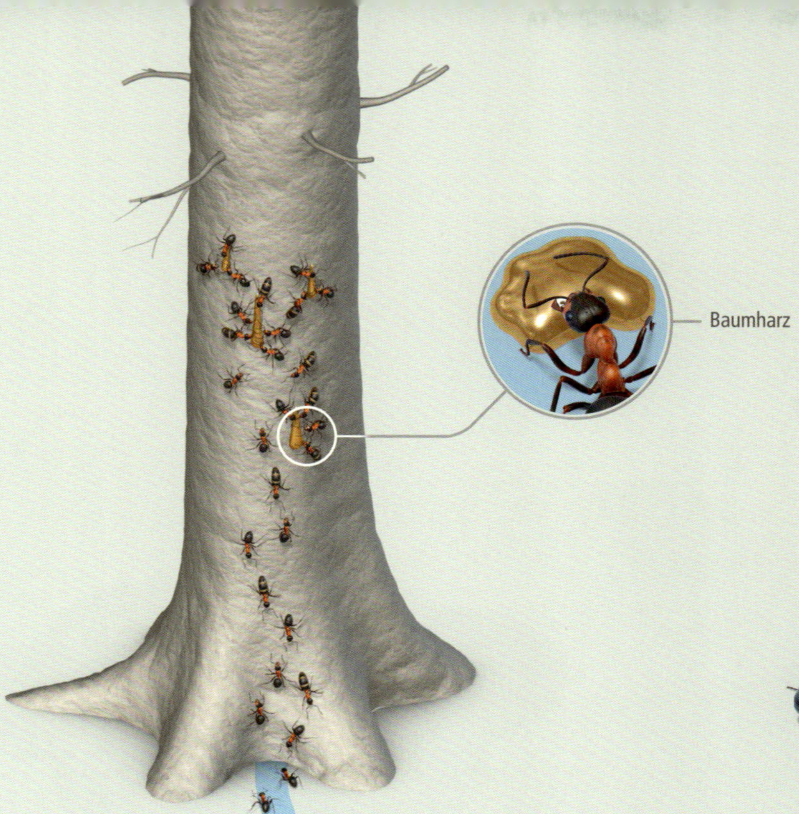

Den größten Anteil an der pflanzlichen Nahrung bildet der Honigtau. Daneben nutzen Waldameisen in geringerem Maß ausfließende Baumsäfte, Beeren, die Anhängsel von Pflanzensamen und Blütennektar zur Ernährung. Seltener werden auch Pilze eingetragen.

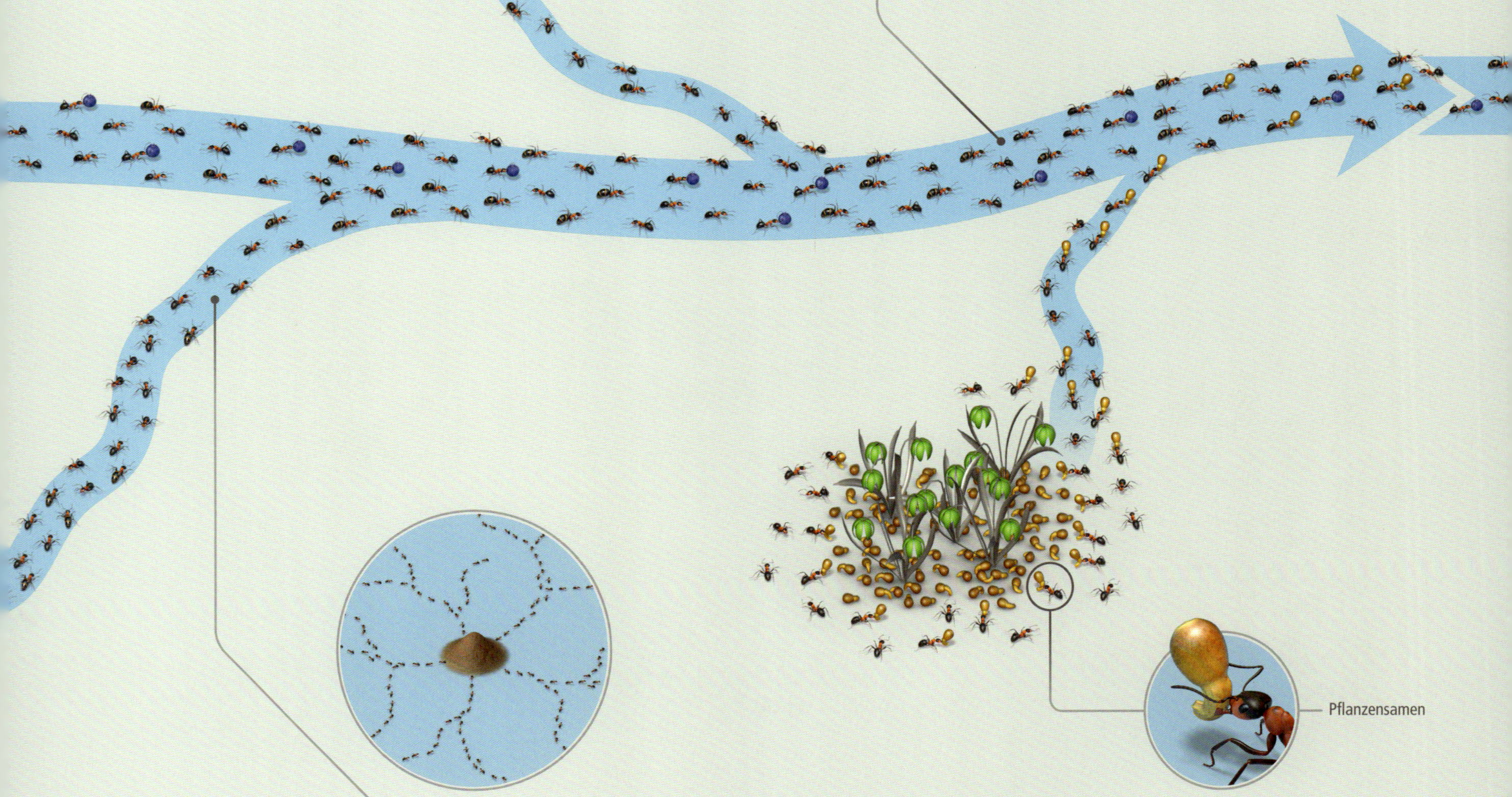

Ameisenstraßen bilden sich in der Regel zu beständigen Nahrungsquellen, wie Baumlauskolonien. Die Straßen können über Jahre hinweg bestehen und bilden ein Straßennetz, das den Einzugsbereich des Ameisennestes durchzieht.

6.4 Tierische Nahrung

Tierische Beute dient dem Ameisenvolk als Eiweißquelle. Das Eiweiß wird für die Aufzucht der Brut und die Ernährung der Königin benötigt. Etwa ein Drittel der gesamten Ernährung ist tierischen Ursprungs.

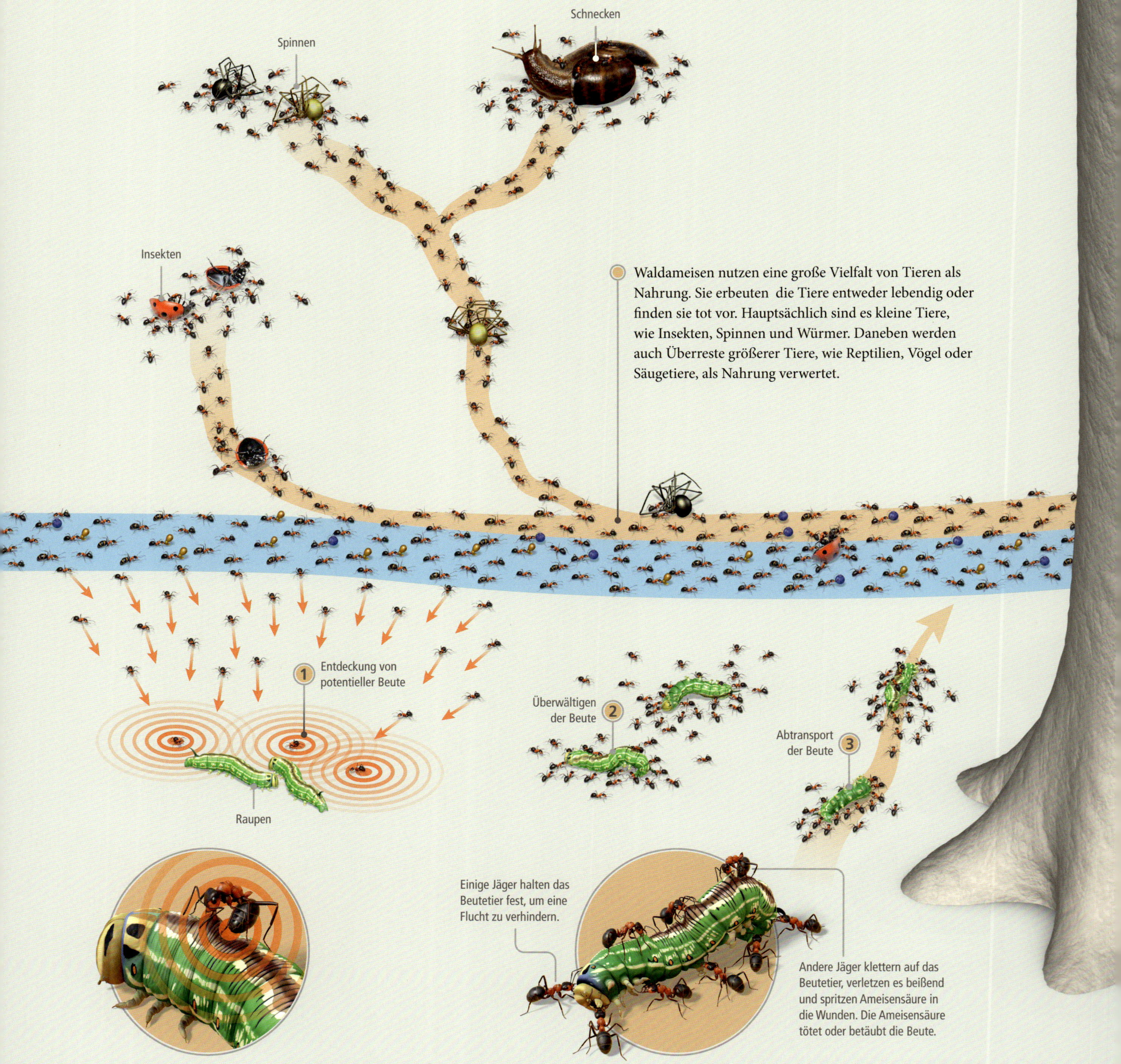

Waldameisen nutzen eine große Vielfalt von Tieren als Nahrung. Sie erbeuten die Tiere entweder lebendig oder finden sie tot vor. Hauptsächlich sind es kleine Tiere, wie Insekten, Spinnen und Würmer. Daneben werden auch Überreste größerer Tiere, wie Reptilien, Vögel oder Säugetiere, als Nahrung verwertet.

1 Arbeiterinnen auf der Jagd durchstreifen das Gelände abseits der Ameisenstraßen. Wenn sie anhand seiner Bewegungen ein potenzielles Beutetier bemerken, nähern sie sich ihm und berühren es mit ihren Antennen. Haben sie es als Beute identifiziert, greifen sie an. Der Geruch der beim Kampf verspritzten Ameisensäure und die Abwehrbewegungen der Beute locken Arbeiterinnen aus der Umgebung zum Kampfplatz.

2 Gemeinsam versuchen die Arbeiterinnen das Beutetier zu überwältigen. Die Bewegungen wehrhafter Tiere erhöhen dabei die Angriffsintensität der Jäger. Beim Kampf findet eine Arbeitsteilung statt.

3 Ist die Beute überwältigt, zerren die Arbeiterinnen sie zur Ameisenstraße und anschließend heimwärts. Beim Transport wechseln sich die Arbeiterinnen regelmäßig ab.

Auf der Jagd erbeuten Arbeiterinnen auch zahlreiche Käfer und Raupen, die potenziell schädlich für die Bäume des Waldes sind. Daher sind Bäume nahe bei einem Ameisennest, die oft von Ameisen besucht werden, gesünder als Bäume ohne Ameisenbesuch.

Die eingetragene Nahrung vereinigt sich auf der Ameisenstraße zu einem steten Nahrungsstrom in Richtung des Nestes. Das Verhältnis von pflanzlicher und tierischer Nahrung variiert im Verlauf des Jahres. Im Frühjahr und Herbst überwiegt der Honigtau als Nahrung. Im Sommer hingegen wird tierische Nahrung bevorzugt.

Vom Verwesungsgeruch angelockt haben Arbeiterinnen einen toten Hasen gefunden. Solch eine schwere Beute können die Arbeiterinnen auch gemeinsam nicht bewegen. Daher fressen sie den Kadaver am Fundort von innen aus. Das Fleisch transportieren sie als Nahrungsbrei in ihrem Kropf heimwärts.

6.5 Verteilung der Nahrung

Am Nest werden die beiden Nahrungsarten mit unterschiedlichen Schwerpunkten an die Ameisenbevölkerung verteilt.

Mund-zu-Mund-Weitergabe von Nahrung *(Trophallaxis)* an eine Arbeiterin mit leerem Kropf.

Kohlenhydratreiche pflanzliche Nahrung wird vorwiegend außerhalb des Nestes verteilt, wo sich die älteren Arbeiterinnen mit hohem Energiebedarf aufhalten. Eine heimkehrende Arbeiterin würgt aus ihrem Kropf einen Futtertropfen hervor, der von einer Arbeiterin am Nest aufgeleckt wird. Anschließend gibt die gefütterte Ameise die Nahrung auf dieselbe Weise an andere Ameisen weiter.

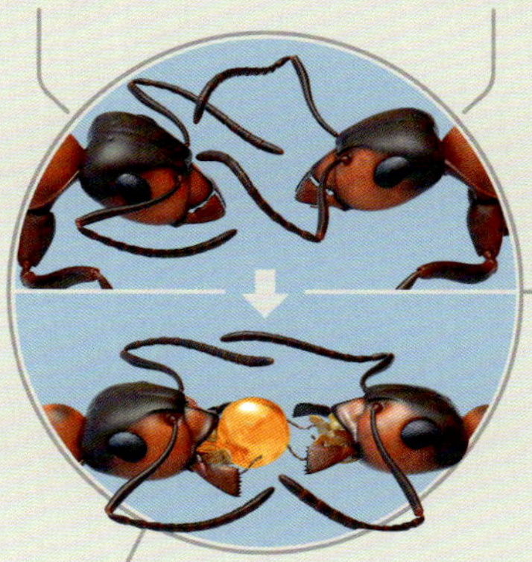

Die Weitergabe findet Mund zu Mund statt. Der Futteraustausch kann auf zwei Arten eingeleitet werden. Arbeiterinnen können selbstständig einen Futtertropfen hervorwürgen und ihn anderen Arbeiterinnen anbieten. Alternativ können Arbeiterinnen aktiv um Nahrung betteln. Wenn sie mit ihren Antennen den Kopf einer Arbeiterin an bestimmten Stellen berühren, können sie sie zum Hervorwürgen eines Futtertropfens anregen.

Eiweißreiche tierische Nahrung wird nur zu einem kleinen Teil außerhalb des Nestes verteilt. Der größte Teil wird auf der Nestkuppel und im Nestinneren verteilt, wo sich die jungen Arbeiterinnen aufhalten. Flüssige Eiweißnahrung wird von Mund zu Mund weitergegeben. Große erbeutete Tiere werden zu den Nesteingängen und in das Nestinnere gebracht.

Im Nest wird die Verteilung der Eiweißnahrung fortgesetzt. Dabei wird auch ein kleiner Teil der kohlehydrathaltigen Nahrung weitergegeben. Große Beutetiere werden zerlegt und zu einem Nahrungsbrei zerkaut. Weil Eiweißnahrung dem Aufbau von Körpersubstanz dient, wird der Nahrungsbrei anschließend an die brutpflegenden Arbeiterinnen verteilt, die damit die Arbeiterinnenlarven im Nest füttern.

Die Eiweiß- und Kohlenhydratnahrung gelangt schließlich in das Zentrum des Nestes. Dort wird die Nahrung an die Pflegerinnen der Königin verfüttert. Die Labialdrüsen dieser jungen Arbeiterinnen sind aktiv und produzieren einen Futtersaft mit reichlich Kohlenhydraten. Anschließend verfüttern die Pflegerinnen den Futtersaft an die Königin. Wenn im Frühjahr Geschlechtstierlarven im Nest anwesend sind, erhalten auch sie den Futtersaft.

6.6 Entsorgung der Abfälle

Für Ameisen ist die Hygiene ihres Nestes eine wichtige Tätigkeit. Weil das feuchtwarme Klima im Inneren die Bildung von Krankheitserregern sowie das Wachstum von Pilzen fördert, werden alle potenziell gefährlichen Stoffe aus dem Nest entfernt.

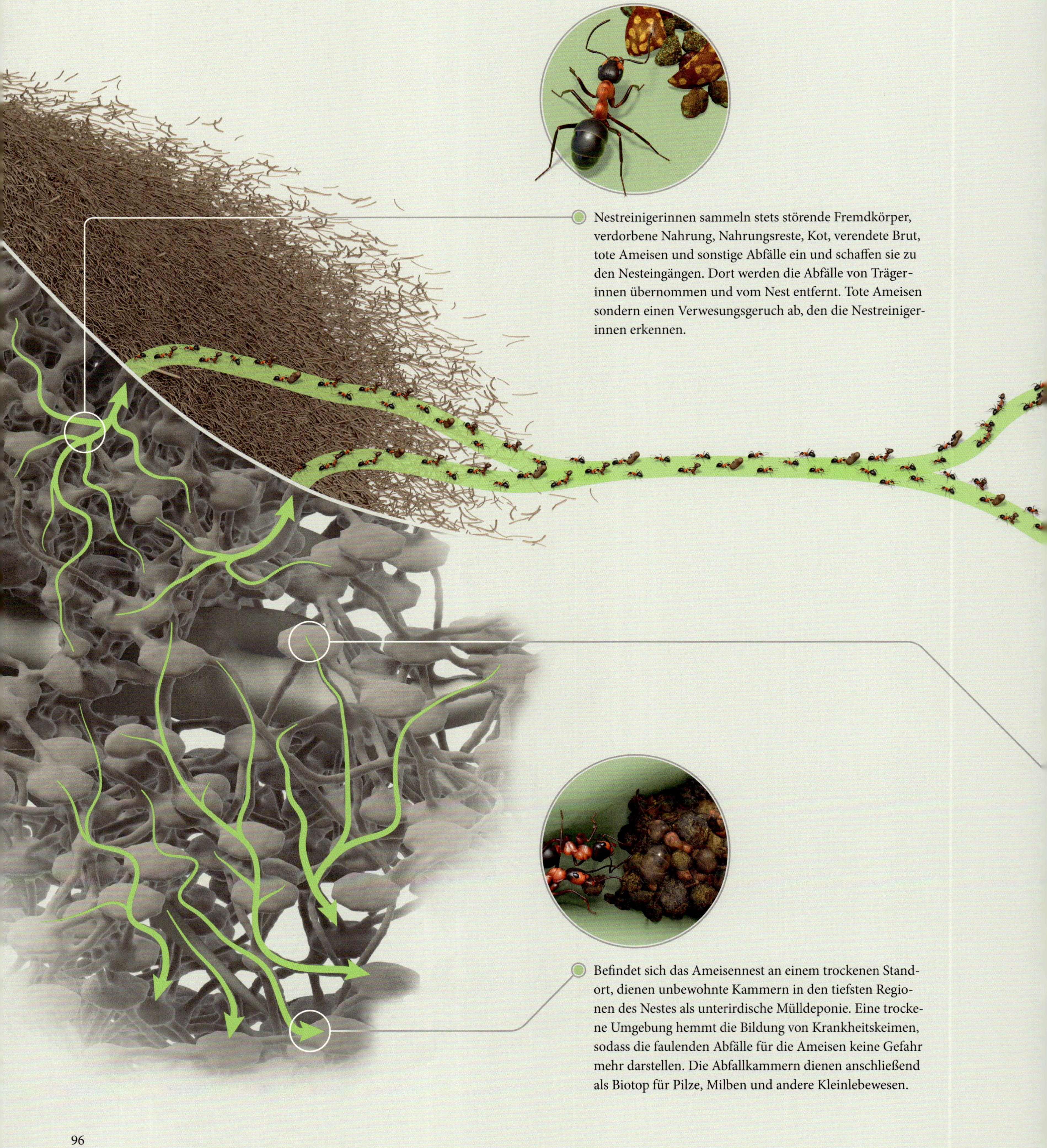

Nestreinigerinnen sammeln stets störende Fremdkörper, verdorbene Nahrung, Nahrungsreste, Kot, verendete Brut, tote Ameisen und sonstige Abfälle ein und schaffen sie zu den Nesteingängen. Dort werden die Abfälle von Trägerinnen übernommen und vom Nest entfernt. Tote Ameisen sondern einen Verwesungsgeruch ab, den die Nestreinigerinnen erkennen.

Befindet sich das Ameisennest an einem trockenen Standort, dienen unbewohnte Kammern in den tiefsten Regionen des Nestes als unterirdische Mülldeponie. Eine trockene Umgebung hemmt die Bildung von Krankheitskeimen, sodass die faulenden Abfälle für die Ameisen keine Gefahr mehr darstellen. Die Abfallkammern dienen anschließend als Biotop für Pilze, Milben und andere Kleinlebewesen.

Ist der Nestuntergrund für die Lagerung von Abfällen ungeeignet, werden die Abfälle in einiger Entfernung vom Nest in großen Mengen auf Abfallplätzen deponiert. Bevorzugte Standorte sind möglichst trockene Stellen, knapp außerhalb des Bereichs, in dem die Ameisen Nahrung erbeuten. Waldameisen markieren mit den Abfallplätzen die Grenzen ihres Territoriums.

Die Hygiene im Nest wird von zahlreichen Kleininsekten unterstützt, die sich von verrottetem Pflanzenmaterial, Nahrungsresten und toten Ameisen ernähren. Das können Springschwänze, Silberfische, Käferlarven oder der Kurzflügelkäfer der Gattung *Dinarda* sein. Einige Mitbewohner werden von Arbeiterinnen toleriert oder übersehen. Andere sind durch ihre flache Gestalt schwer angreifbar oder sondern Abwehrstoffe ab.

7.1 Entstehung der Geschlechter und Kasten

Welchem Geschlecht und welcher Kaste eine Waldameise zugehört, entscheidet sich während der Entwicklung der Brut und wird wesentlich von der Königin und den Arbeiterinnen beeinflusst.

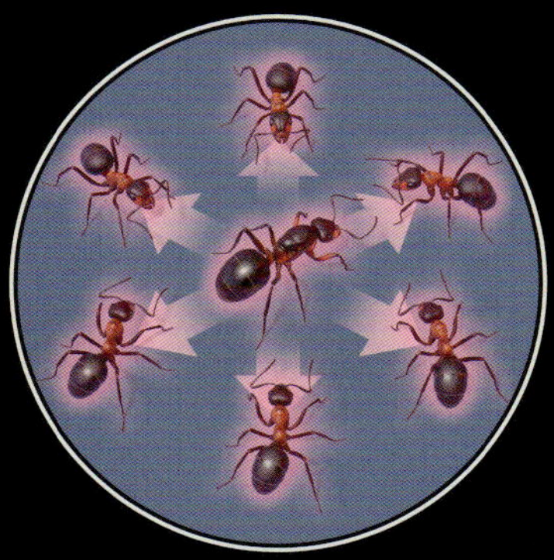

(1) Die Königin wird von Arbeiterinnen intensiv beleckt, um mögliche Krankheitserreger zu entfernen und um ihren Duft aufzunehmen. Der Königinnenduft geht zunächst auf die engsten Pflegerinnen über. Durch den Kontakt der Arbeiterinnen untereinander verbreitet er sich anschließend im gesamten Nest. Ameisen nutzen diesen Duft, um Nestgefährtinnen von fremden Ameisen zu unterscheiden. Daneben gibt die Königin verschiedene Lock- und Hemmstoffe ab. Diese lösen bei den Arbeiterinnen ein Schutz- und Pflegeverhalten gegenüber der Königin aus und beeinträchtigen ihre eigene Fruchtbarkeit, sodass im Nest allein die Königin Eier legen kann.

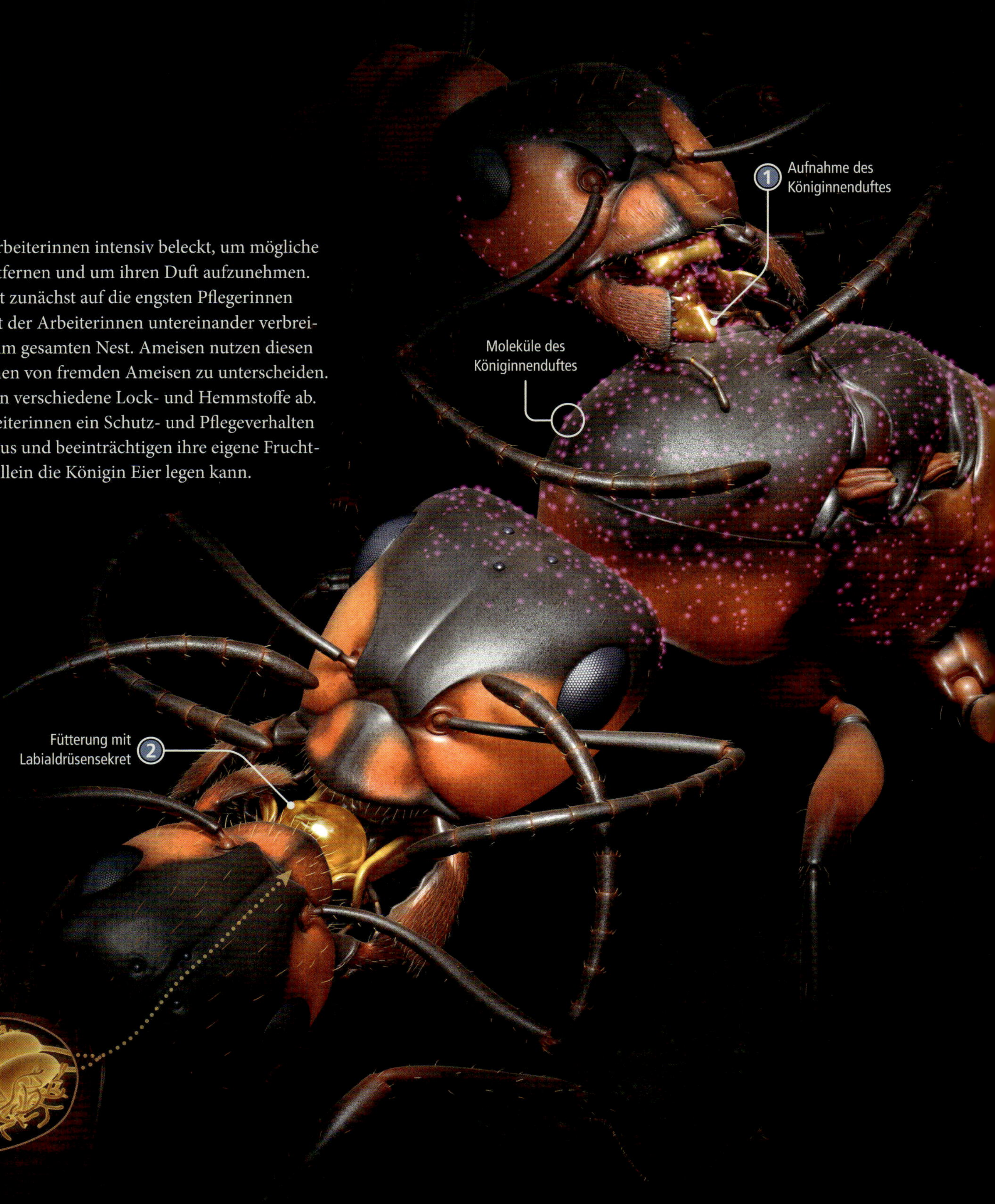

(2) Eine wichtige Wirkung des Königinnenduftes ist, dass die Arbeiterinnen dazu gereizt werden, ihre Königin ausschließlich mit dem Sekret ihrer Labialdrüsen zu füttern. Durch diese Kost erhält sie Energie und die notwendigen Nährstoffe, um ausreichend Eier zu produzieren. Über die Menge des verfütterten Sekrets regulieren die Arbeiterinnen die Fruchtbarkeit der Königin. Erhält sie wenig Sekret, produziert sie weniger Eier. Erhält sie mehr, produziert sie mehr Eier.

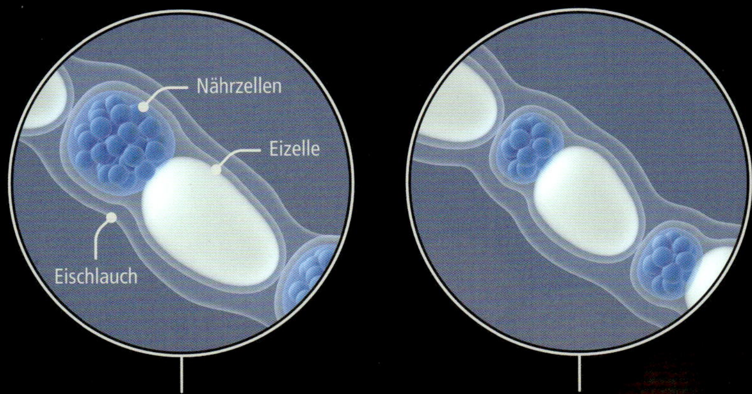

Die Wintereier werden bei der Reifung von großen Nährzellen mit Nährstoffen versorgt und wachsen stärker.

Die Sommereier werden bei der Reifung von kleineren Nährzellen versorgt und wachsen langsamer.

(3) Der erste Schritt der Kastenbildung findet während der Reifung der Eier in den ca. 220 bis 270 Eischläuchen der Eierstöcke statt. Die Eier, die im Frühjahr nach der Winterruhe gelegt werden, erhalten bei der Reifung besonders viele Nährstoffe. Es entstehen die großen Wintereier, aus denen sich bevorzugt Geschlechtstiere entwickeln. Die Eier, die im Sommer gelegt werden, erhalten bei der Reifung weniger Nährstoffe. Es entstehen die kleinen Sommereier, aus denen sich Arbeiterinnen entwickeln.

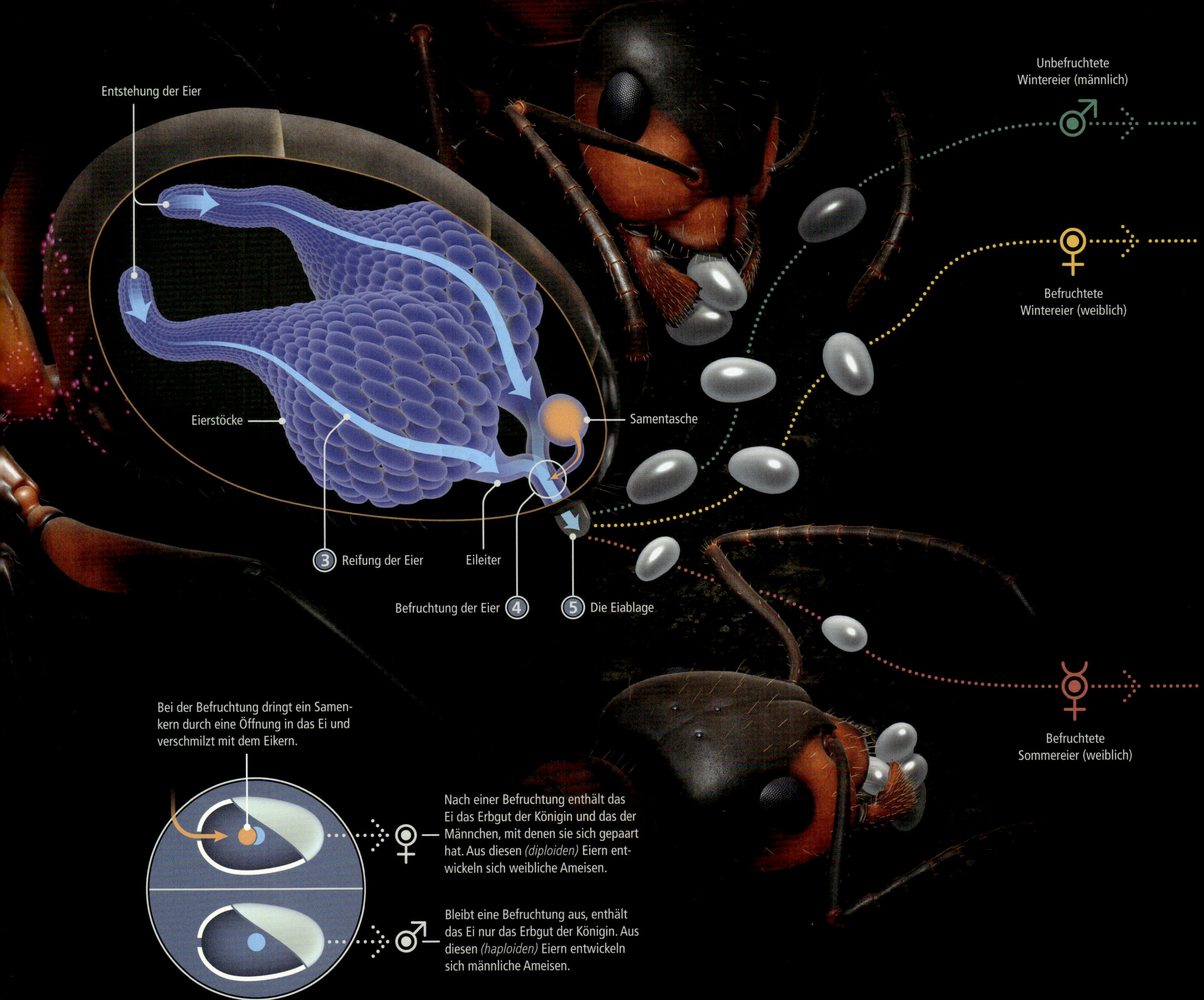

Bei der Befruchtung dringt ein Samenkern durch eine Öffnung in das Ei und verschmilzt mit dem Eikern.

Nach einer Befruchtung enthält das Ei das Erbgut der Königin und das der Männchen, mit denen sie sich gepaart hat. Aus diesen *(diploiden)* Eiern entwickeln sich weibliche Ameisen.

Bleibt eine Befruchtung aus, enthält das Ei nur das Erbgut der Königin. Aus diesen *(haploiden)* Eiern entwickeln sich männliche Ameisen.

(4) Nach dem Reifungsprozess passieren die Eier den Eileiter. Hier können die Eier befruchtet werden, indem ein Muskel einzelne Spermien aus der Samentasche in den Eileiter befördert. Der Muskel ist von der Nesttemperatur abhängig und arbeitet erst bei Temperaturen von über 20 °C. Wintereier können aufgrund der schwankenden Temperaturen im Frühjahr befruchtet oder unbefruchtet sein. Sommereier sind durch das warme Klima in der Regel befruchtet. Durch ein Ausbleiben oder Stattfinden einer Befruchtung wird das Geschlecht der Eier bestimmt.

(5) Der Eileiter mündet an der Hinterleibsspitze nach außen. Sobald ein Ei austritt, wird es von einer Arbeiterin gepackt und in das Eilager gebracht. Die Ameisenkönigin legt fünf bis sechs Monate im Jahr Eier. Jeden Tag kann sie etwa 300 Eier produzieren.

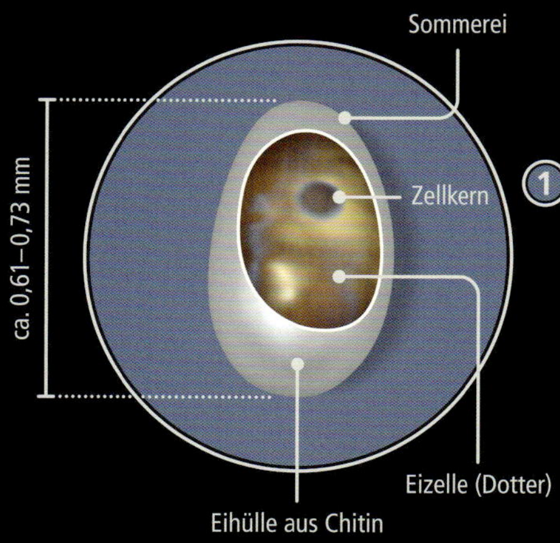

① Die Ameiseneier sind zu Beginn ihrer Entwicklung sehr klein und besitzen eine feuchte klebrige Oberfläche. Sie haften aneinander und können von den Arbeiterinnen als Eipakete leicht transportiert werden. Die Eipakete werden von den Arbeiterinnen in die Kammern mit der zuträglichsten Temperatur und Luftfeuchtigkeit gebracht und in großen Haufen gesammelt.

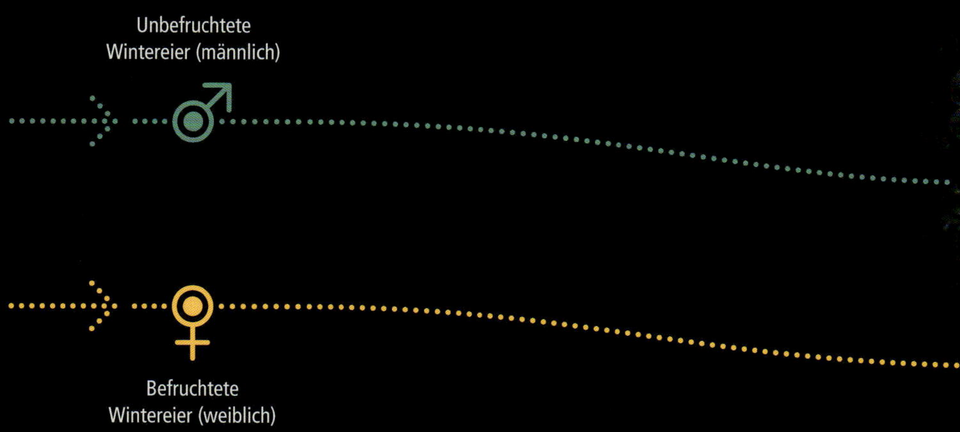

Beginn des Eistadiums,
Dauer: ca. 13 Tage

Junge Eier

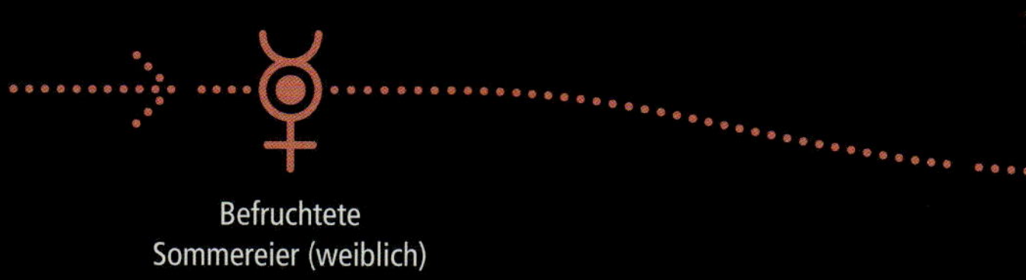

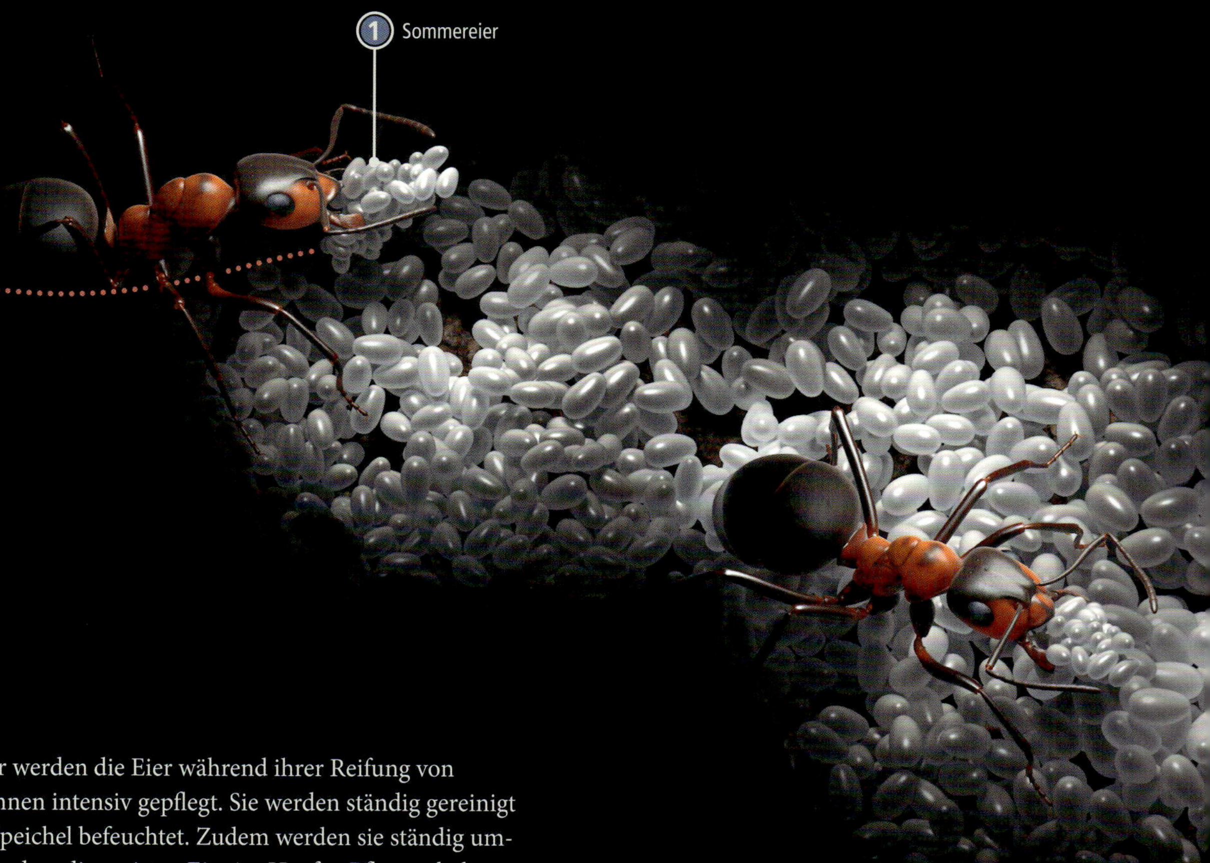

② Im Eilager werden die Eier während ihrer Reifung von Arbeiterinnen intensiv gepflegt. Sie werden ständig gereinigt und mit Speichel befeuchtet. Zudem werden sie ständig umgelagert, sodass die meisten Eier im Haufen Pflege erhalten. Die Lagerung in Haufen hat den Vorteil, dass die Eier nur wenig Feuchtigkeit an die Umgebung verlieren.

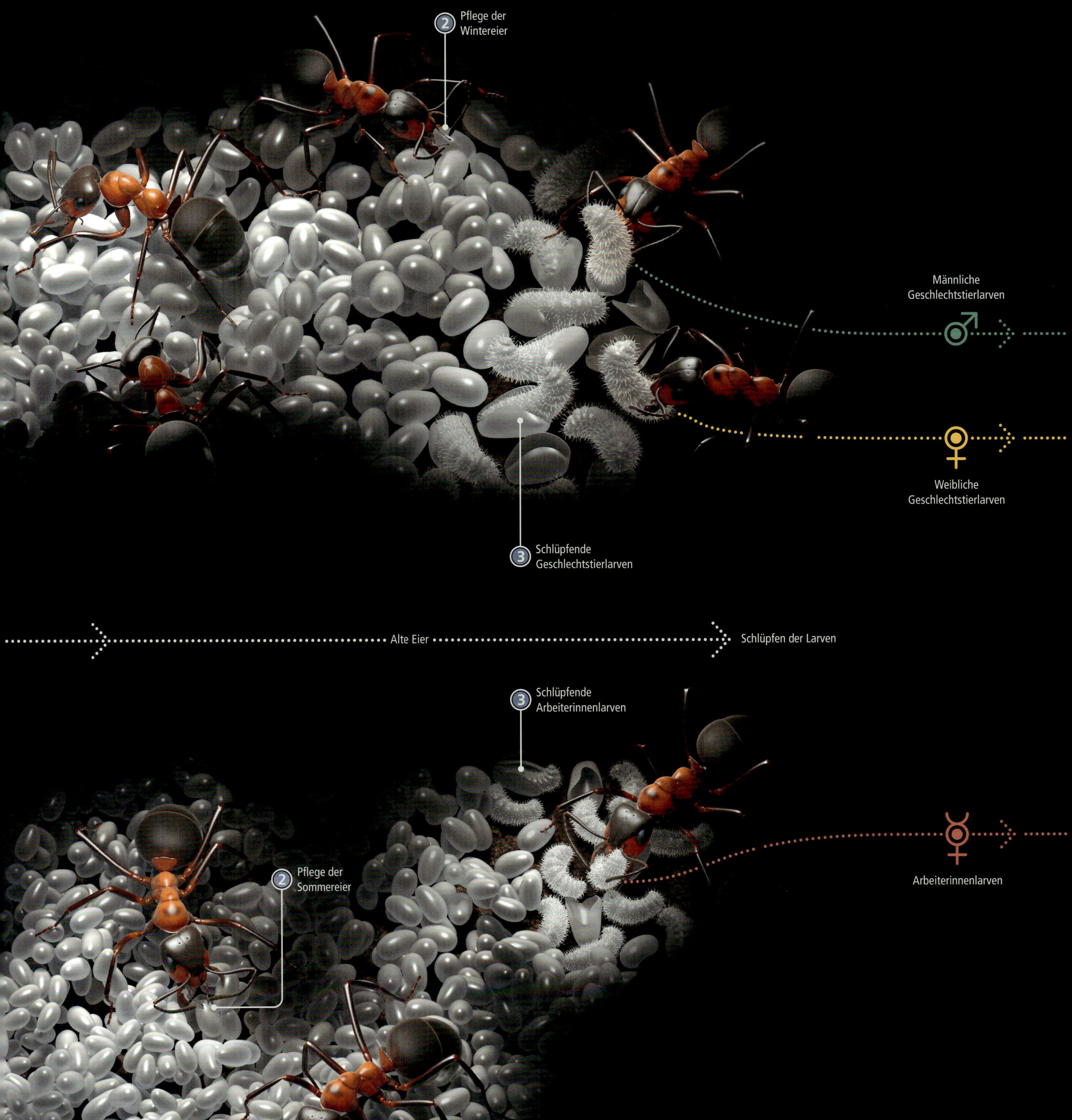

3 Durch die Zufuhr an Feuchtigkeit wachsen die Eier mit der Zeit. Sind die Eier ausgereift, reißt die Eihülle und eine kleine Larve kommt zum Vorschein. Die jungen Larven werden von den Brutpflegerinnen eingesammelt und in das Larvenlager gebracht.

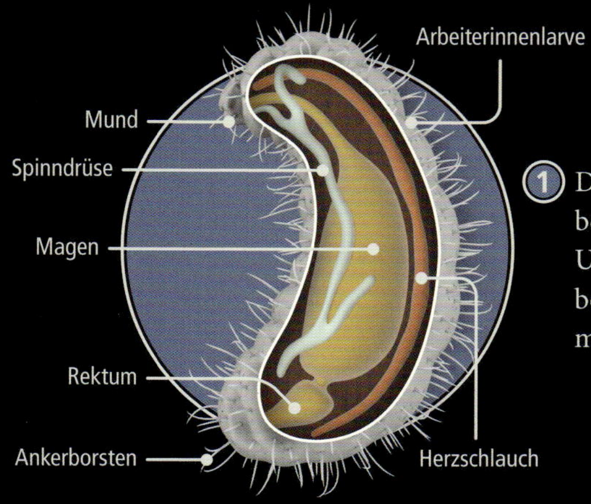

① Die unbeweglichen Ameisenlarven werden von Arbeiterinnen in die Nestkammern mit den günstigsten Umweltbedingungen gebracht. Durch ihre Ankerborsten haften die Larven aneinander und es können mehrere zugleich transportiert werden.

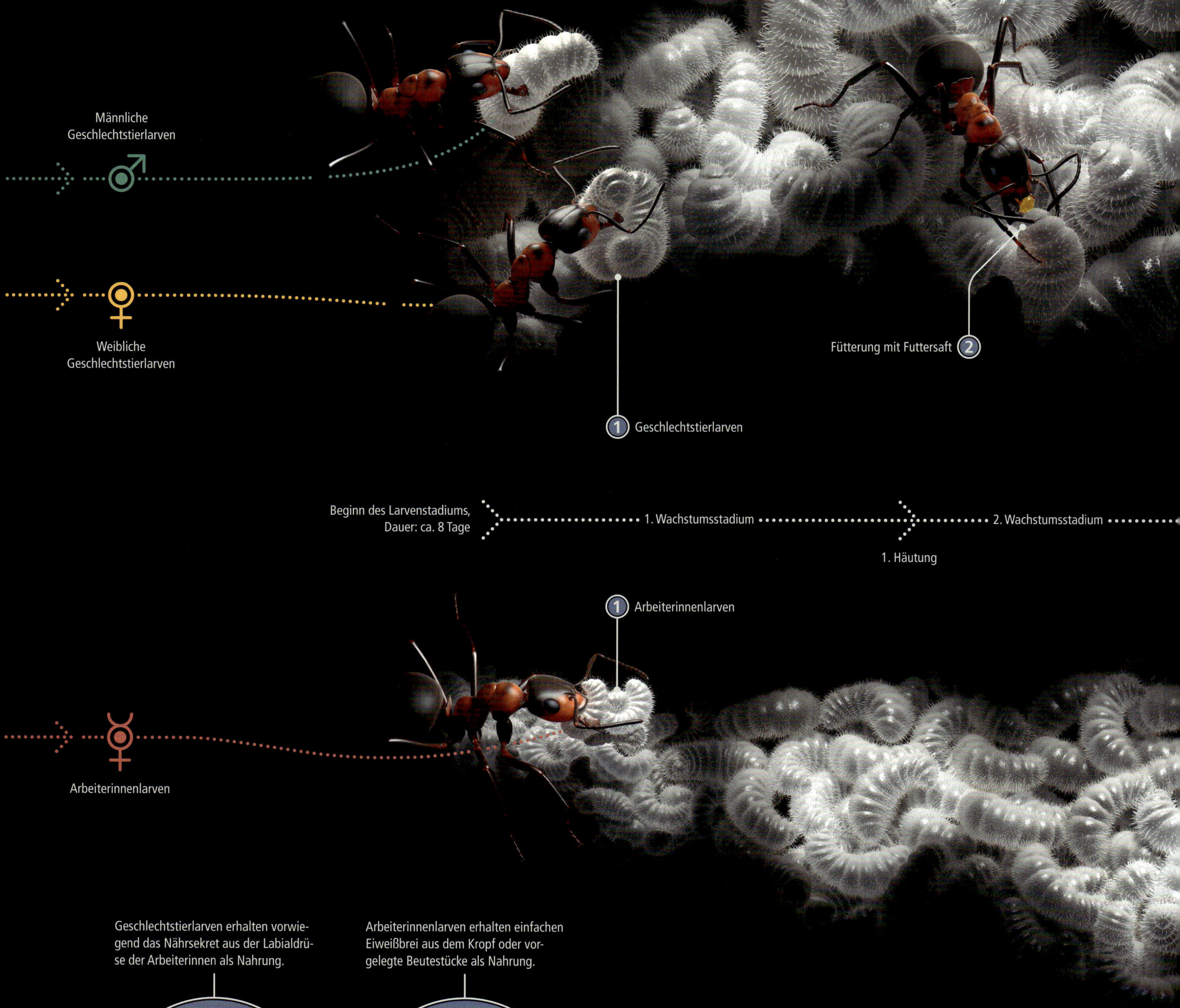

Geschlechtstierlarven erhalten vorwiegend das Nährsekret aus der Labialdrüse der Arbeiterinnen als Nahrung.

Arbeiterinnenlarven erhalten einfachen Eiweißbrei aus dem Kropf oder vorgelegte Beutestücke als Nahrung.

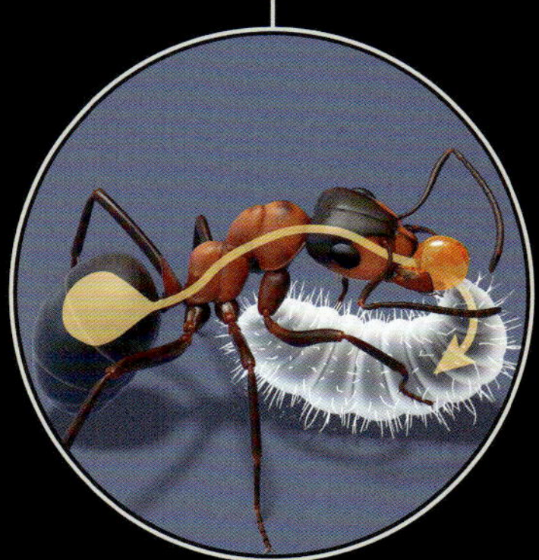

② Larven können sich nicht selbstständig fortbewegen oder ernähren. Sie sind ganz auf die Pflege von Arbeiterinnen angewiesen. Wie die Eier werden die Larven kontinuierlich beleckt und umgeschichtet. Ergänzend dazu werden die Geschlechtstier- und Arbeiterinnenlarven mit der jeweils passenden Nahrung gefüttert. Die richtige Ernährung ist besonders für die Geschlechtstierlarven wichtig. Ohne die passende Ernährung würden die männlichen Larven absterben und die weiblichen würden sich zu einfachen Arbeiterinnen entwickeln.

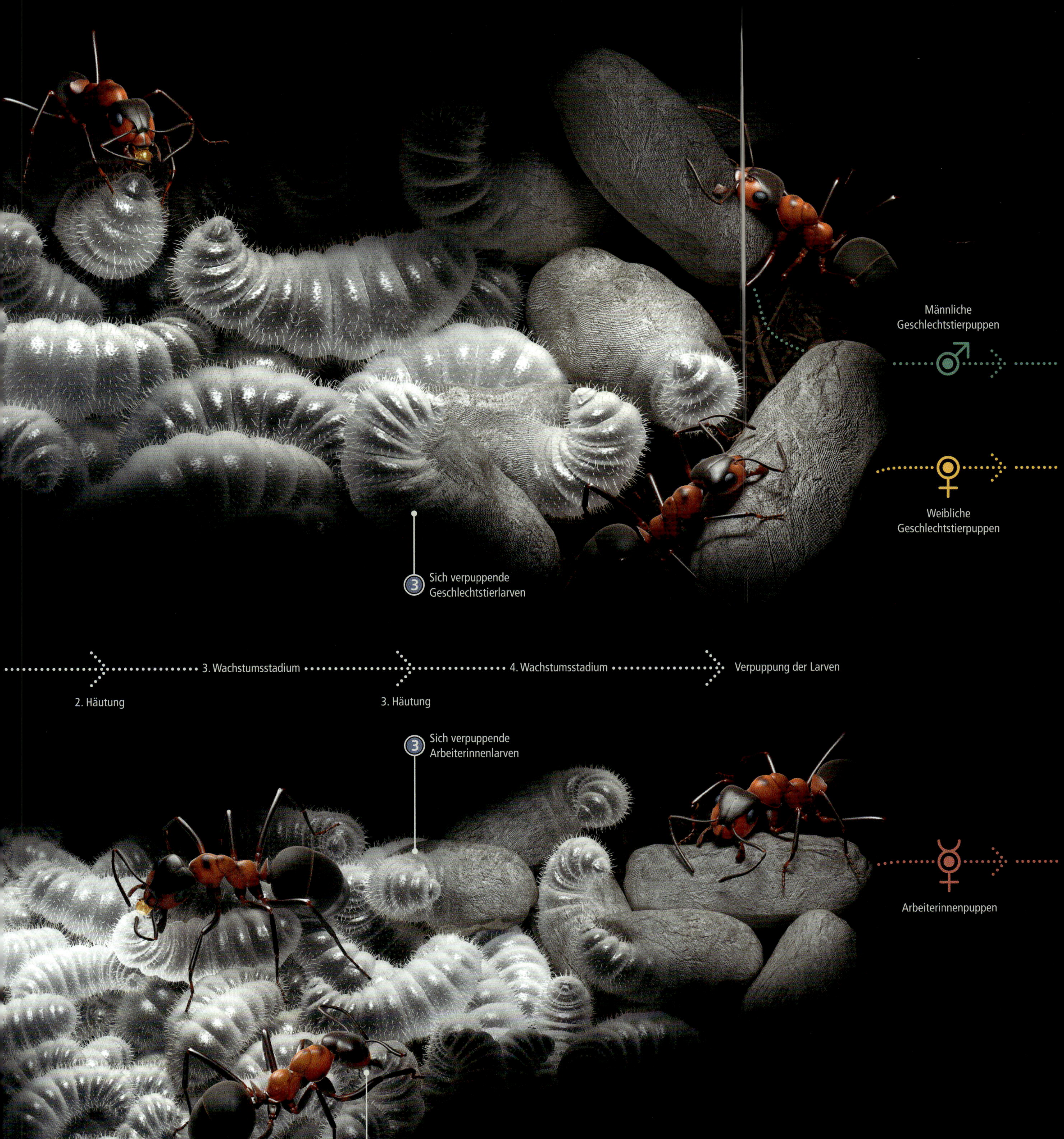

③ Während ihrer Entwicklung durchlaufen die Larven mehrere Wachstumsstadien. Am Ende der Entwicklung findet die Verpuppung statt. Unterstützt durch Arbeiterinnen, nutzen die Larven ihre Spinndrüse, um sich in einen Kokon einzuspinnen. Fertig verpuppte Larven werden von Arbeiterinnen eingesammelt und in das Lager für Puppen gebracht.

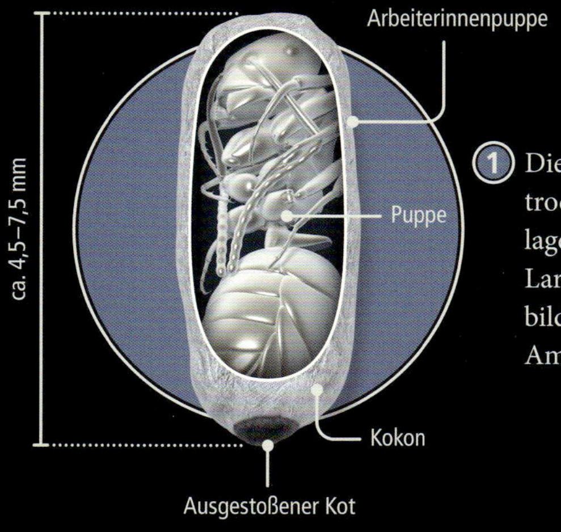

(1) Die verpuppten Larven werden von Arbeiterinnen in einem trockenen und warmen Bereich des Nestes zusammen gelagert. Geschützt im Inneren des Kokons, bildet sich aus der Larve eine Ameisenpuppe. Im Verlauf des Reifungsprozesses bilden sich bei der Puppe die Körpermerkmale der späteren Ameisen heraus.

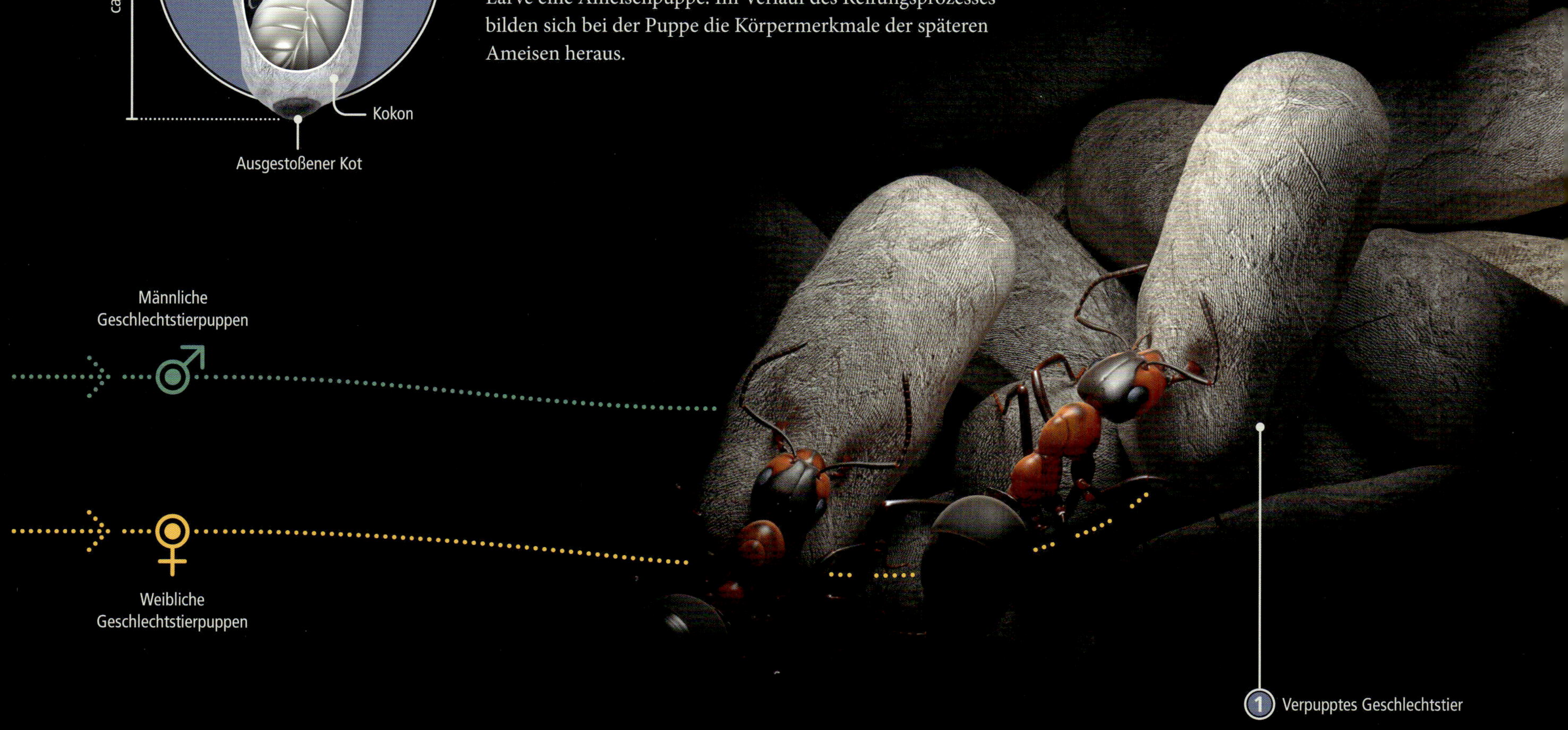

Beginn des Puppenstadiums, Dauer: ca. 14–16 Tage ······ Junge Puppen ······

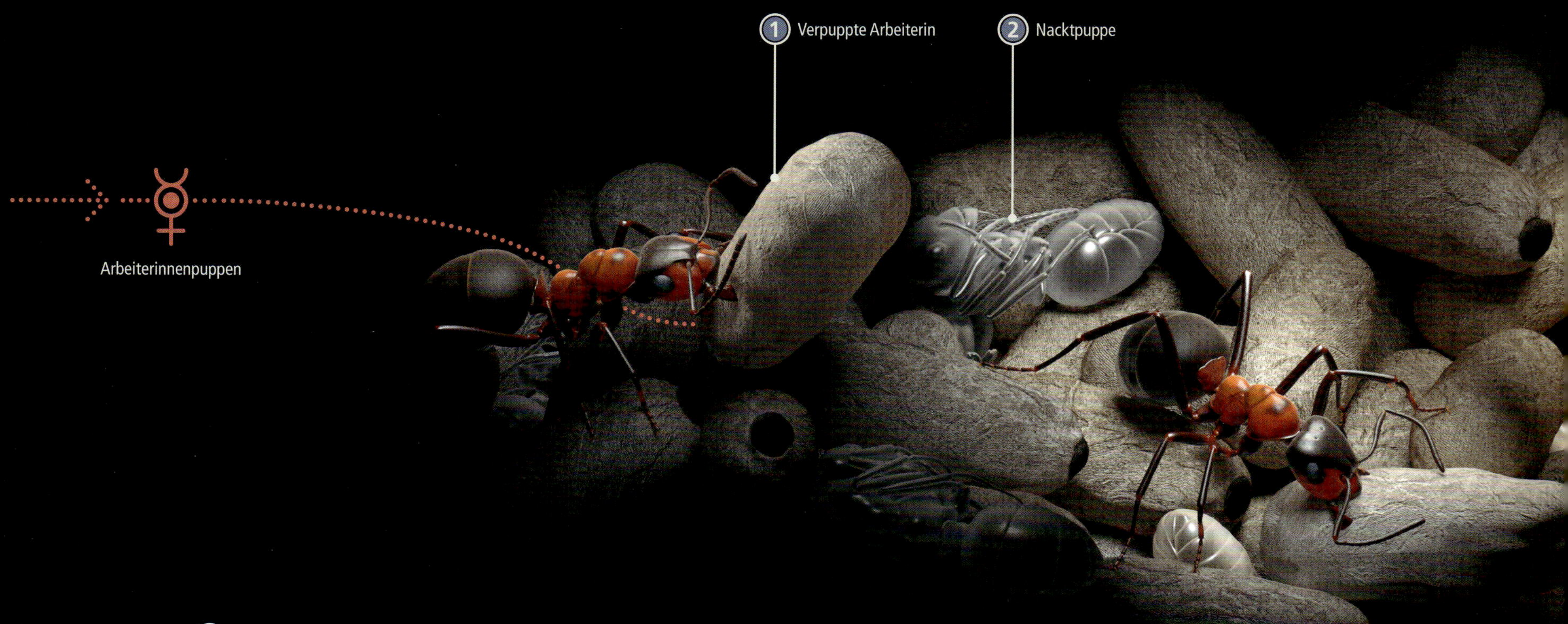

(2) Wenn es im Sommer besonders heiß und trocken ist, können sich vereinzelt Nacktpuppen ohne einen Kokon bilden. Beide Puppenarten werden von Arbeiterinnen durch Belecken gereinigt und häufig umgelagert.

3 Sind die Puppen zu Jungtieren herangereift, sind sie schlupfbereit und versuchen sich aus dem Kokon zu befreien. Arbeiterinnen helfen ihnen dabei und zerbeißen die dünne papierähnliche Kokonhülle.

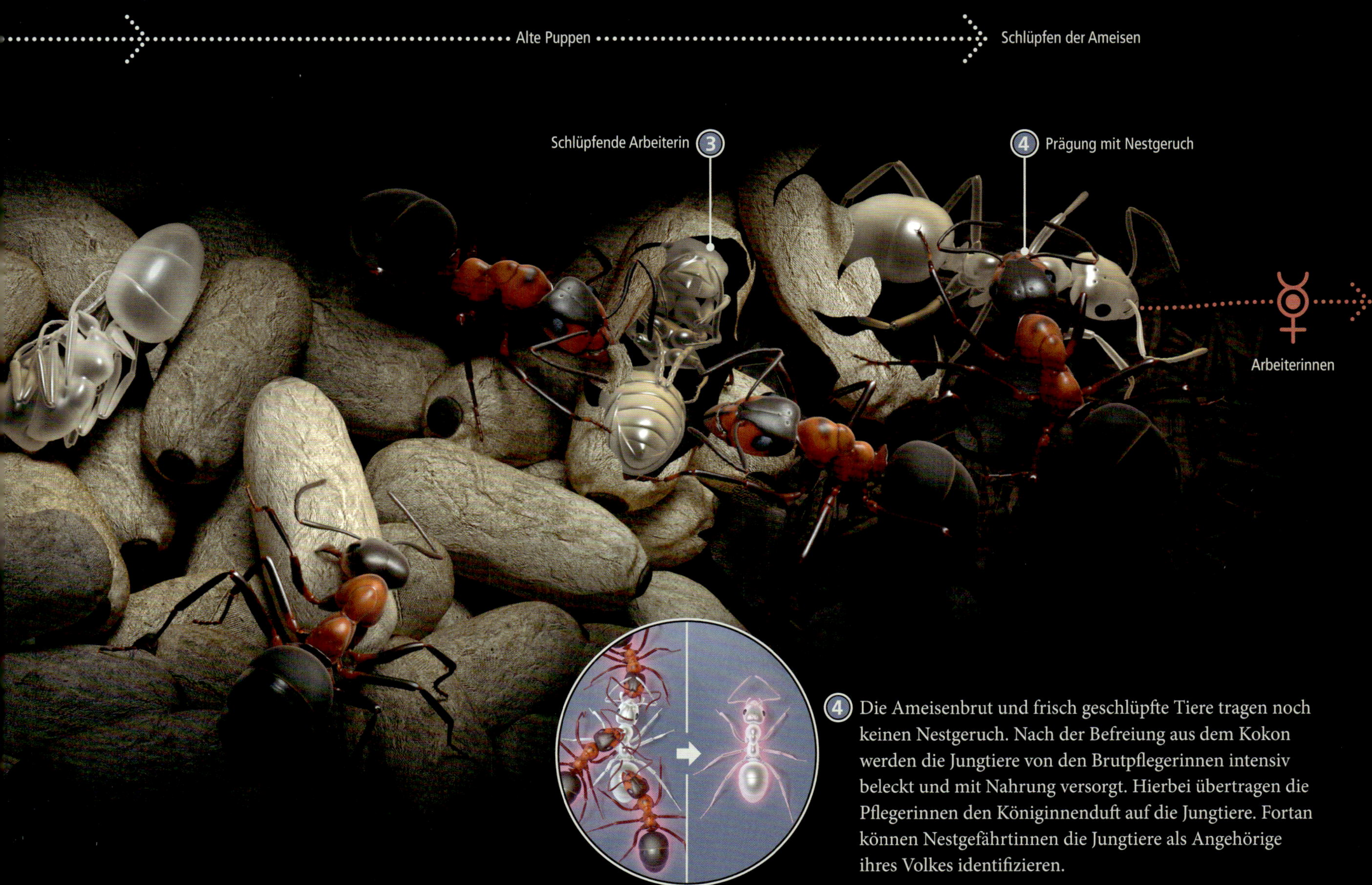

4 Die Ameisenbrut und frisch geschlüpfte Tiere tragen noch keinen Nestgeruch. Nach der Befreiung aus dem Kokon werden die Jungtiere von den Brutpflegerinnen intensiv beleckt und mit Nahrung versorgt. Hierbei übertragen die Pflegerinnen den Königinnenduft auf die Jungtiere. Fortan können Nestgefährtinnen die Jungtiere als Angehörige ihres Volkes identifizieren.

7.2 Das Leben der Geschlechtstiere

Die Lebensaufgabe der männlichen und weiblichen Geschlechtstiere ist die Verbreitung und der Fortbestand des Ameisenvolks. Das Leben beider Geschlechter lässt sich in jeweils drei Phasen gliedern.

(1) Der erste Lebensabschnitt der frisch geschlüpften Männchen ist eine 3- bis 4-tägige Innennestphase, in der sie am Sozialleben im Nest teilnehmen. Sie halten sich in der Dunkelheit des Innennests auf und zeigen ein starkes soziales Kontaktbestreben zueinander. Ihr Sexualtrieb ist noch schwach ausgeprägt.

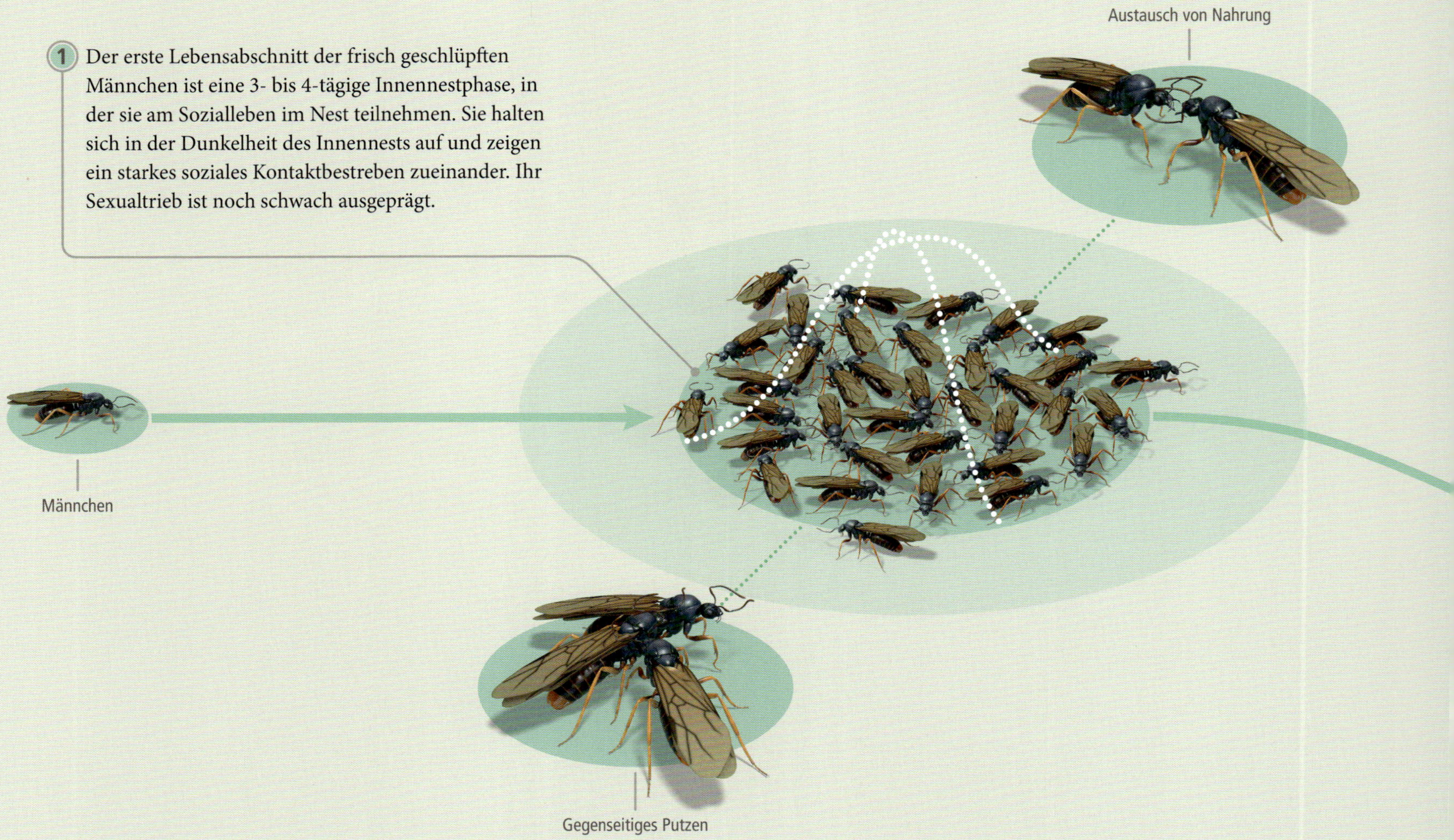

(1) Frisch geschlüpfte Königinnen durchlaufen wie die Männchen eine mehrtägige Innennestphase. In deren Verlauf nehmen sie an sozialen Tätigkeiten wie dem gegenseitigen Füttern und Reinigen teil.

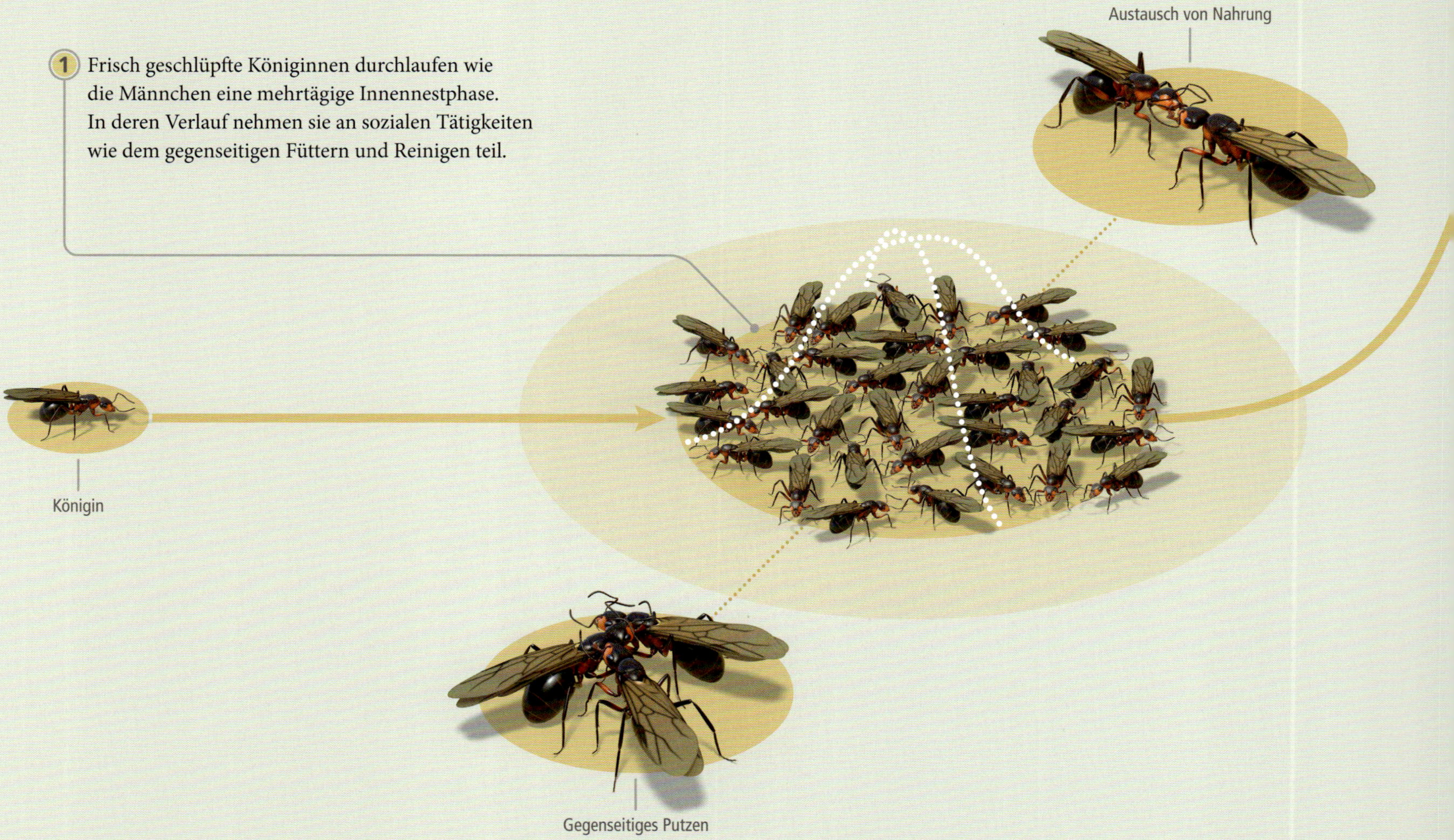

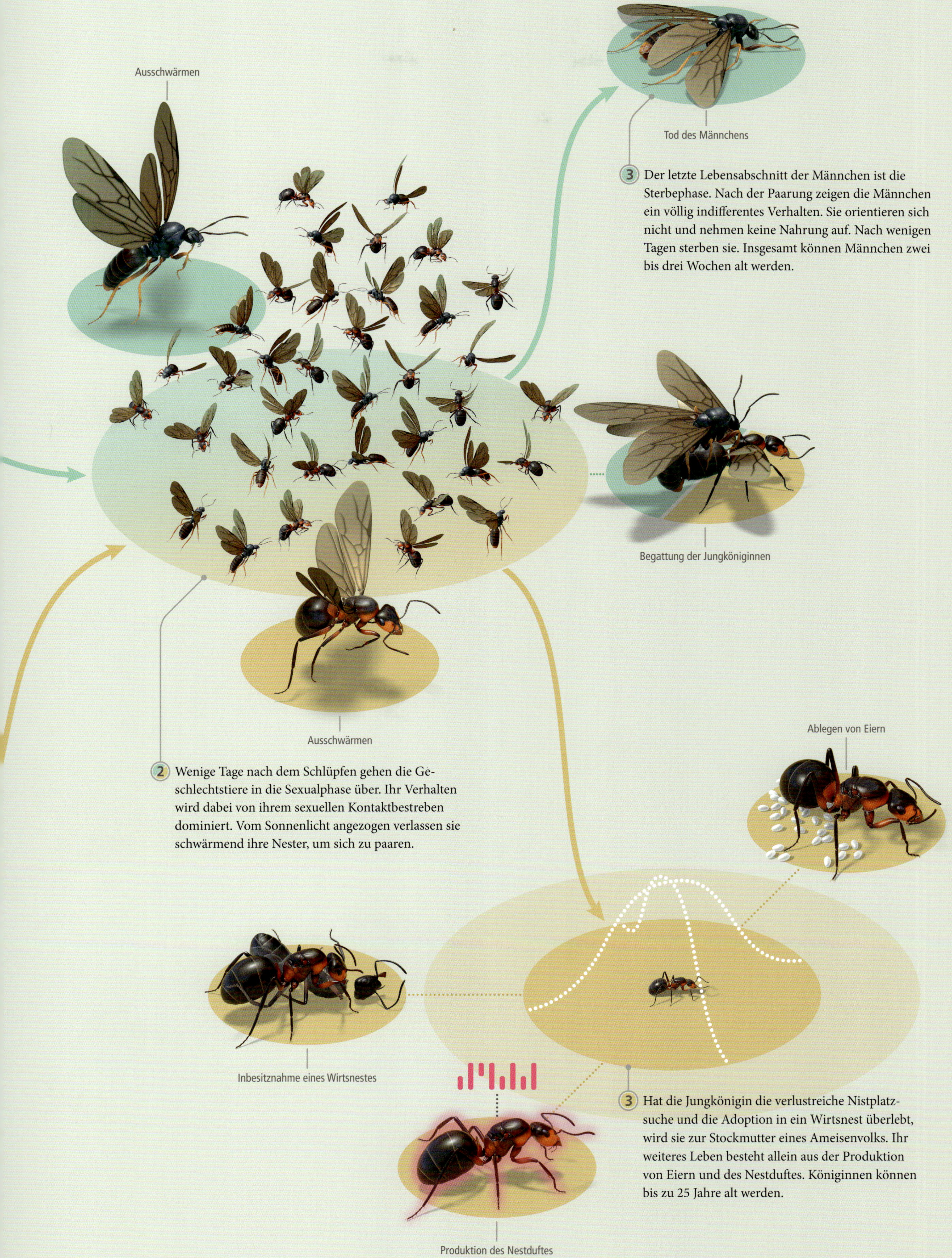

(3) Der letzte Lebensabschnitt der Männchen ist die Sterbephase. Nach der Paarung zeigen die Männchen ein völlig indifferentes Verhalten. Sie orientieren sich nicht und nehmen keine Nahrung auf. Nach wenigen Tagen sterben sie. Insgesamt können Männchen zwei bis drei Wochen alt werden.

(2) Wenige Tage nach dem Schlüpfen gehen die Geschlechtstiere in die Sexualphase über. Ihr Verhalten wird dabei von ihrem sexuellen Kontaktbestreben dominiert. Vom Sonnenlicht angezogen verlassen sie schwärmend ihre Nester, um sich zu paaren.

(3) Hat die Jungkönigin die verlustreiche Nistplatzsuche und die Adoption in ein Wirtsnest überlebt, wird sie zur Stockmutter eines Ameisenvolks. Ihr weiteres Leben besteht allein aus der Produktion von Eiern und des Nestduftes. Königinnen können bis zu 25 Jahre alt werden.

7.3 Das Leben der Arbeiterinnen

Die Arbeiterinnen bewältigen alle Tätigkeiten, die für den Fortbestand des Ameisenvolks notwendig sind. Sie durchlaufen in ihrem Leben eine Innen- und eine Außendienstphase mit verschiedenen Aufgabenbereichen.

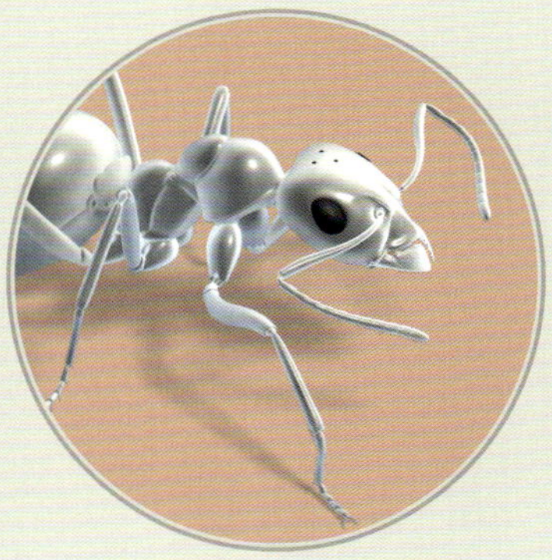

(1) Der Körper frisch geschlüpfter Arbeiterinnen ist zunächst noch farblos und weich. Im Verlauf einiger Stunden oder Tagen härtet die Körperdecke aus und nimmt eine typische rot-braun-schwarze Färbung an. Dabei werden die Gliedmaßen voll bewegungsfähig und die fertige Arbeiterin nimmt ihre Tätigkeiten im Nest auf.

(2) Der erste Lebensabschnitt der Arbeiterinnen besteht aus dem Innendienst. Die Ameisen halten sich fast ausschließlich im geschützten Nestinneren auf und beschäftigen sich mit den dort anfallenden Tätigkeiten, wie der Brutpflege, der Reinigung oder der Instandhaltung der Nestkammern. Die Innendienstameisen werden von den älteren Außendienstameisen mit Nahrung versorgt. Sie selbst verlassen das Nest nur in Ausnahmefällen, bei akutem Nahrungsmangel oder bei einem Nestumzug.

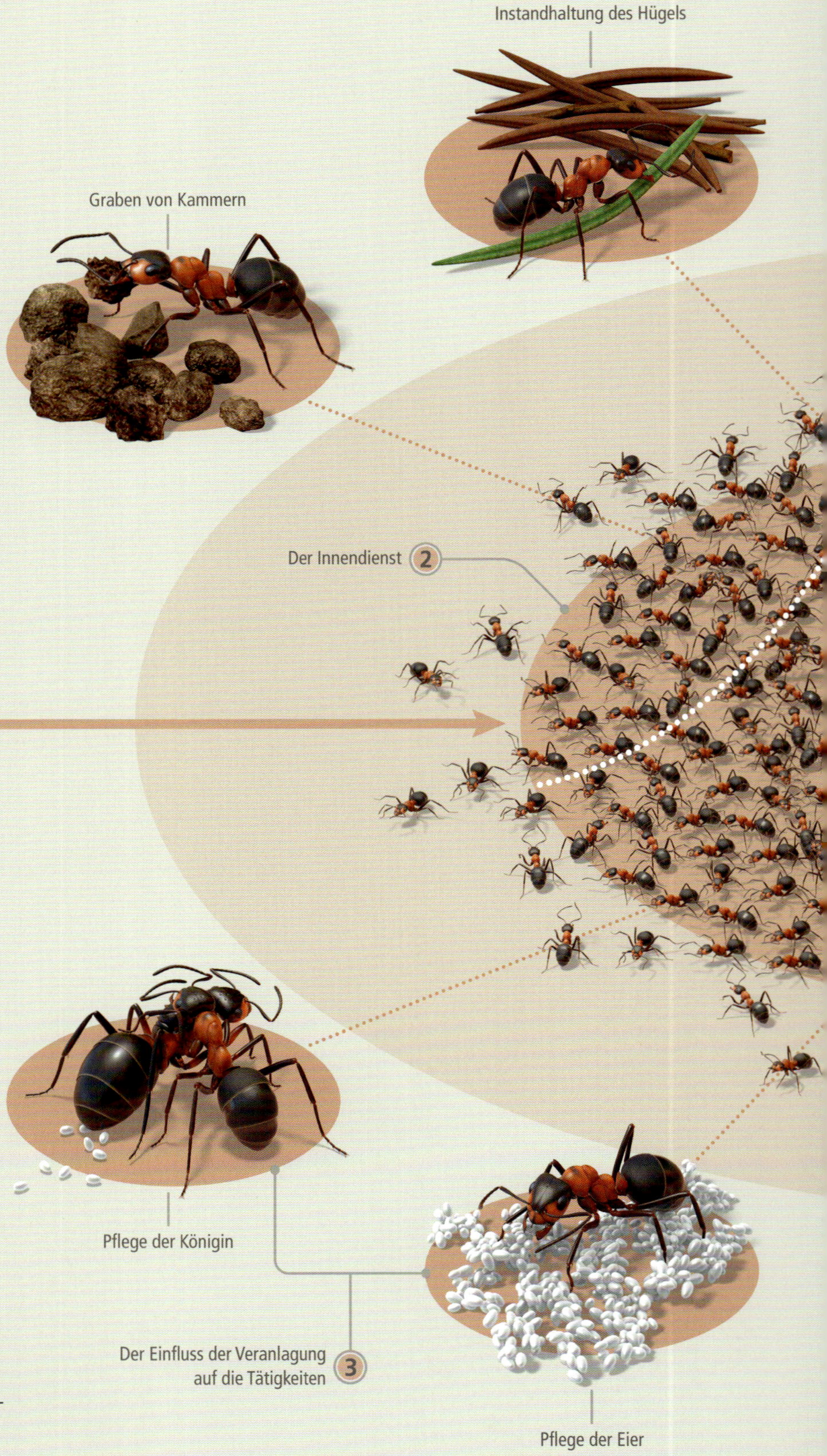

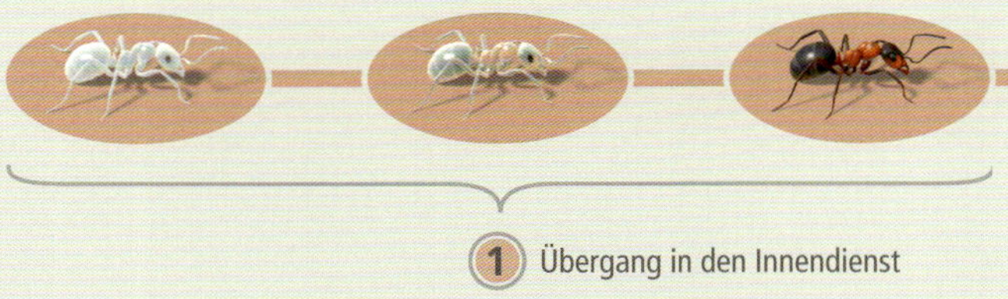

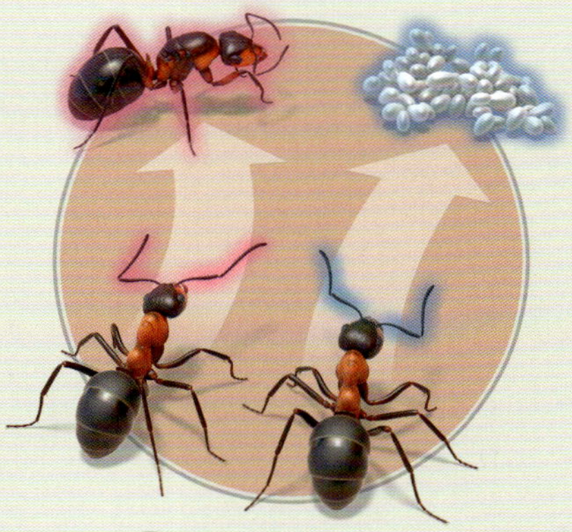

(3) Die Tätigkeiten im Nest werden zumeist durch Geruchsreize ausgelöst, auf welche die Arbeiterinnen mit Handlungen reagieren. Damit sie die Reize bemerken, müssen diese eine gewisse Intensität erreichen. Die Empfänglichkeit für die Reize variiert bei jeder Arbeiterin. So reagieren einige Arbeiterinnen besonders auf die Duftreize der Königin, während andere für die Reize der Eier oder Larven empfänglich sind. Auf diese Weise verteilen sich die Arbeiterinnen auf die verschiedenen Tätigkeiten im Nest.

Arbeitsunstete Arbeiterinnen wechseln oft ihre Tätigkeit und haben keine Präferenz.

Zwischenformen von arbeitssteten und arbeitsunsteten Arbeiterinnen bevorzugen mehrere Tätigkeiten.

Arbeitsstete Arbeiterinnen sind auf eine Tätigkeit spezialisiert.

Passive Arbeiterinnen üben keine erkennbaren Tätigkeiten aus.

(4) Die Verteilung der Arbeitskräfte erfolgt nicht nur durch die Veranlagungen der Arbeiterinnen für bestimmte Tätigkeiten, sondern auch durch die Intensität, mit der diese Tätigkeiten ausgeführt werden. Einige Arbeiterinnen bleiben ihrer bevorzugten Beschäftigung treu, während andere zwischen mehreren Beschäftigungen wechseln. Ein Großteil des Ameisenvolks übt hingegen keine erkennbaren Tätigkeiten aus. Diese passiven Tiere dienen vermutlich als Arbeitsreserve. Wird das Nest beschädigt, können viele Arbeitskräfte mobilisiert werden, ohne dass andere Tätigkeiten im Nest vernachlässigt werden.

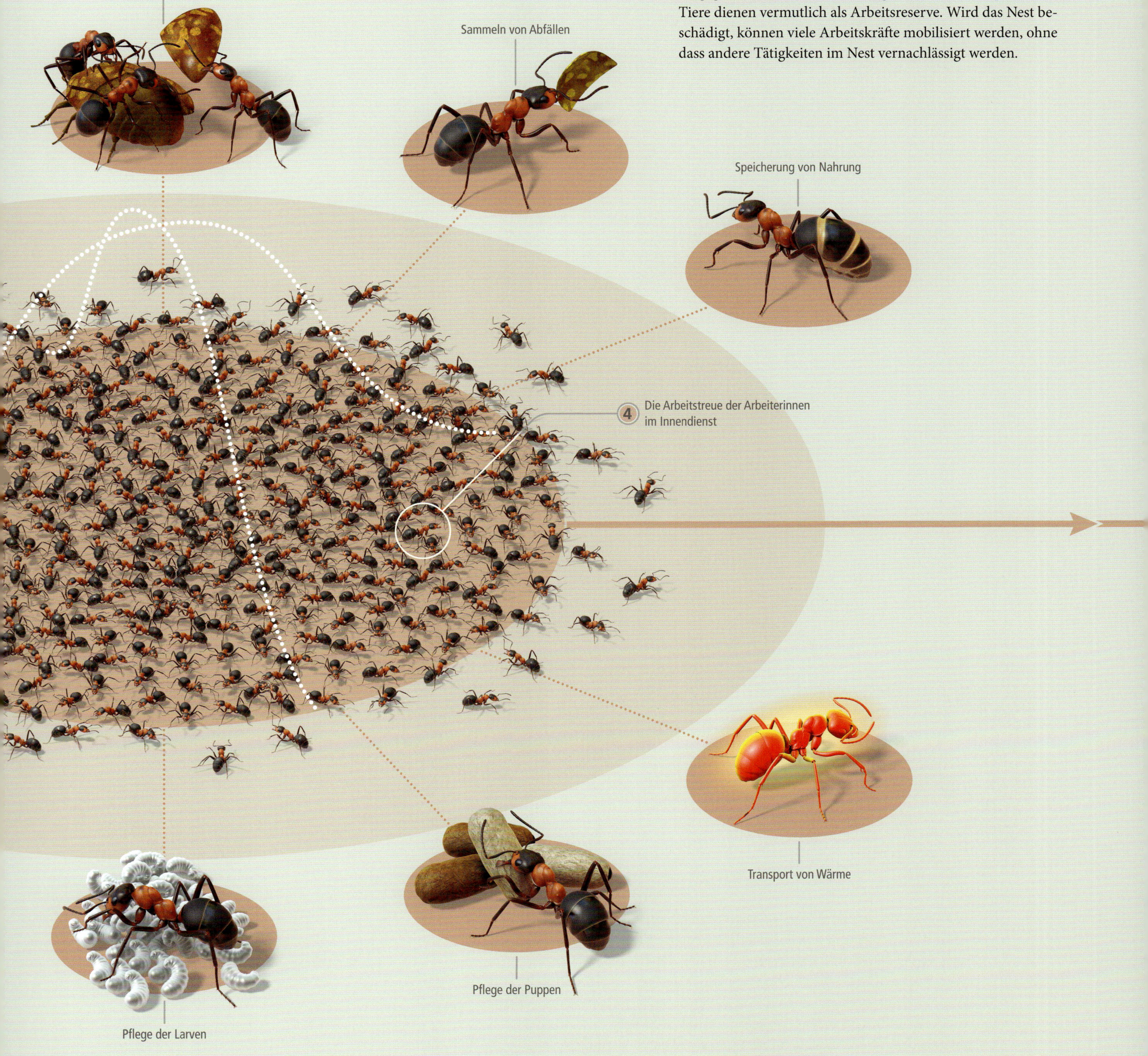

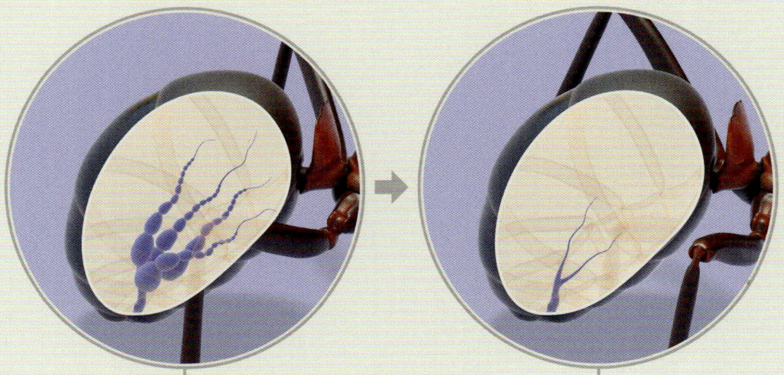

Eierstöcke einer Arbeiterin im Innendienst

Eierstöcke beim Wechsel in den Außendienst

(1) Der Zeitpunkt des Übergangs vom Innen- zum Außendienst ist bei jeder Arbeiterin unterschiedlich. Der Übergang kann drei bis vier Wochen oder ein Jahr nach dem Schlüpfen stattfinden. Kennzeichnend für den Wechsel ist der Entwicklungsgrad der Eierstöcke. Bei jungen Arbeiterinnen sind diese gut ausgebildet und funktionsfähig. Sie bilden sich jedoch mit zunehmendem Alter zurück. Nachdem sich die Eierstöcke zurückgebildet und ihre Funktionsfähigkeit verloren haben, wechseln die Arbeiterinnen in den Außendienst.

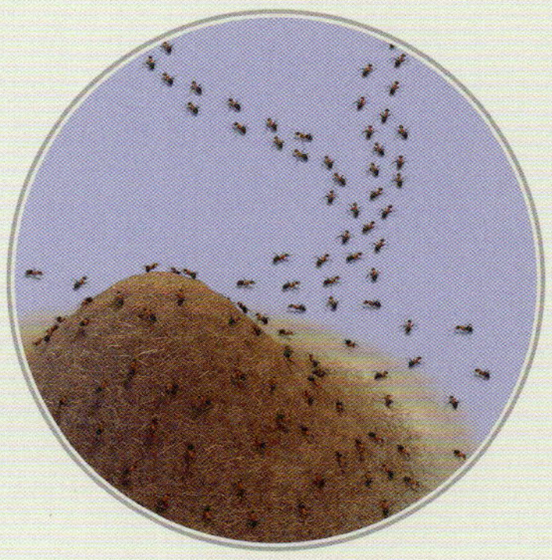

(2) Im Außendienst verlassen die Arbeiterinnen das Nestinnere und gehen Tätigkeiten in der nahen und fernen Umgebung des Nestes nach. Ihre Hauptaufgaben sind das Sammeln von Baumaterial für die Nestkuppel, das Besetzen des Territoriums und die Versorgung der Ameisen im Nest mit Nahrung. Im Gegensatz zum Innendienst ist der Außendienst sehr verlustreich. Ein großer Teil der Außendienstarbeiterinnen geht an Fressfeinde verloren.

Der Außendienst (2)

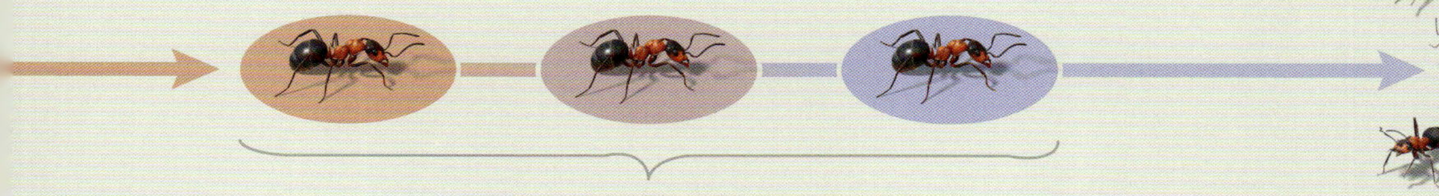

(1) Übergang in den Außendienst

(3) Die Neigung der Arbeiterinnen für bestimmte Tätigkeiten wird auch von der Körpergröße beeinflusst. Größere Arbeiterinnen bevorzugen Tragetätigkeiten. Sie sammeln Baumaterial oder transportieren Nahrung. Auf der Jagd entfernen sie sich zudem weiter vom Nest. Kleinere Ameisen halten sich hingegen näher am Nest auf und bevorzugen Tätigkeiten, die weniger Körperkraft erfordern, wie beispielsweise das Melken von Baumläusen.

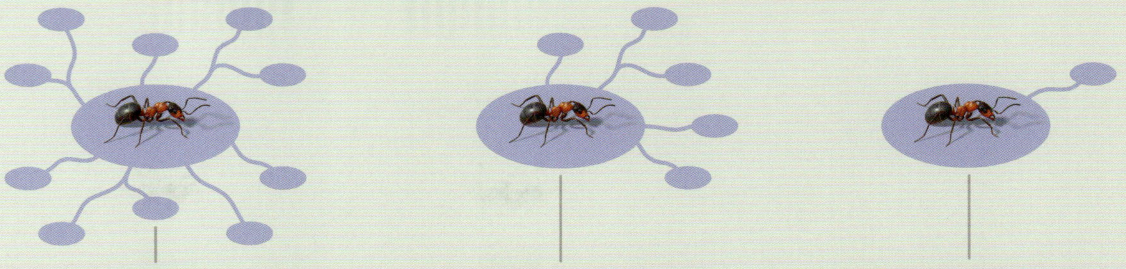

Ortsunstete Arbeiterinnen suchen für ihre Tätigkeiten keine bestimmten Orte auf.

Zwischenformen von ortssteten und ortsunsteten Arbeiterinnen bevorzugen bestimmte Himmelsrichtungen.

Ortsstete Arbeiterinnen suchen für ihre Tätigkeiten immer denselben Ort auf.

(4) Im Außendienst ist eine variierende Ortstreue der Arbeiterinnen stärker ausgeprägt als die Arbeitstreue. Einige Arbeiterinnen verlassen zur Jagd das Nest in eine beliebige Richtung, während andere bestimmte Himmelsrichtungen bevorzugen. Wieder andere hingegen, wie Baumlausmelkerinnen, besuchen für ihre Tätigkeit regelmäßig dieselbe Gruppe Baumläuse, auf demselben Ast, auf demselben Baum.

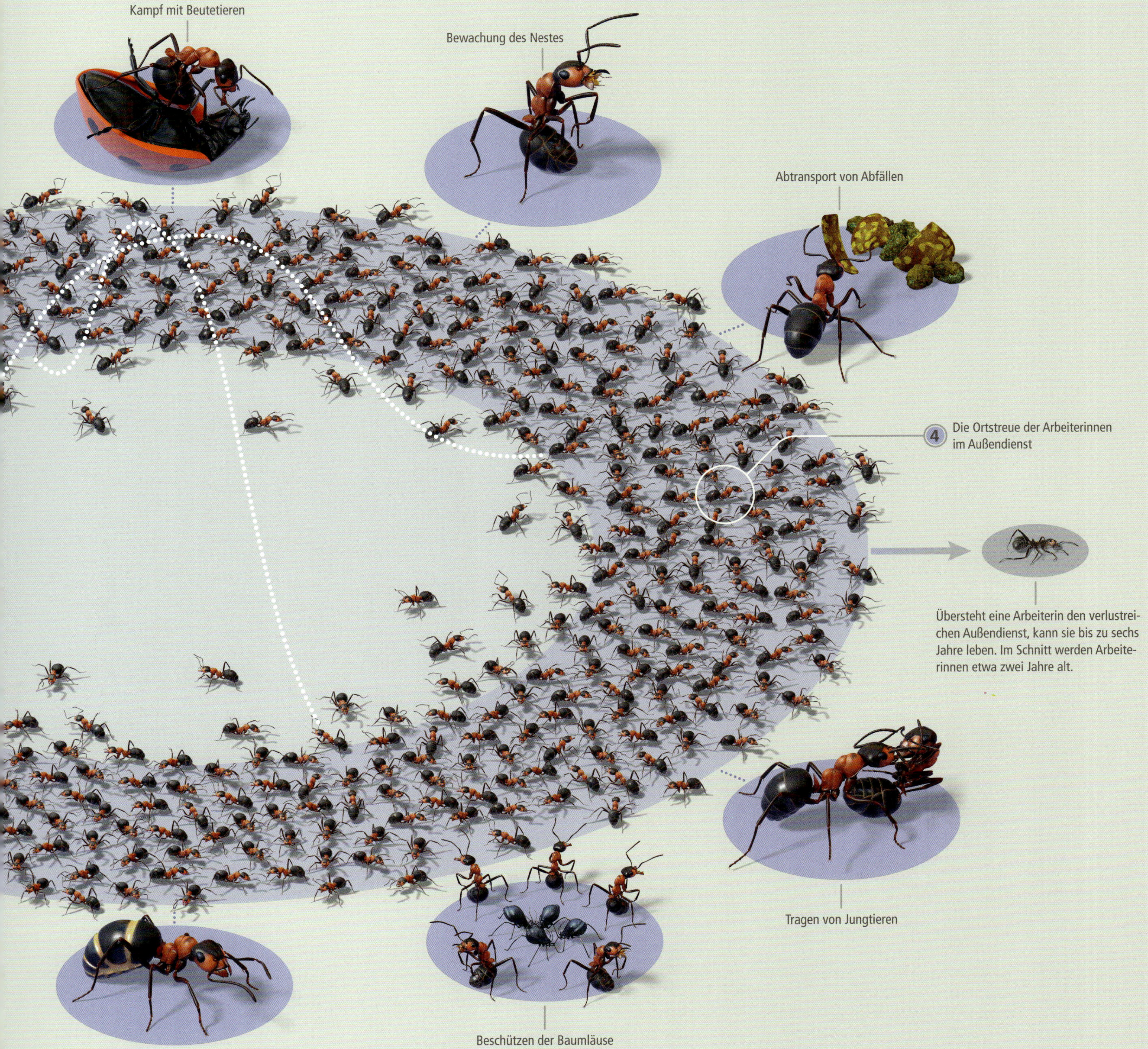

Übersteht eine Arbeiterin den verlustreichen Außendienst, kann sie bis zu sechs Jahre leben. Im Schnitt werden Arbeiterinnen etwa zwei Jahre alt.

8.1 Der Angriff

Ein unbekannter Angreifer hat die Nestkuppel aufgerissen. Plötzlich erhellt Tageslicht die dunklen Kammern des Innennestes. Diese ungewohnte Störung versetzt das Ameisenvolk in Aufregung.

Die aufgeregten Arbeiterinnen laufen umher und versuchen ihre Nestgefährtinnen auf die Bedrohung aufmerksam zu machen. Begegnen sie einer Nestgefährtin, stoßen sie sie an oder beklopfen sie mit ihren Antennen.

Die allgemeine Erregung wird dadurch verstärkt, dass Arbeiterinnen ungezielt Ameisensäure verspritzen, zusammen mit dem Sekret der Dufourschen Drüse. Der Geruch dieses Gemisches dient als Alarmsignal und lockt Teile des Ameisenvolks zum Ort der Freisetzung.

Die Ameisen reagieren unterschiedlich auf die Störung und das Alarmsignal. Besonders junge Arbeiterinnen, deren Giftdrüse noch inaktiv ist, verhalten sich defensiv und fliehen ins dunkle Nestinnere.
Ältere Arbeiterinnen mit aktiven und gefüllten Giftdrüsen zeigen eine erhöhte Aggressivität. Kampfbereit verlassen sie das Nest, um die Ursache der Störung herauszufinden.

Eine Rotte Wildschweine verwüstet das Ameisennest. Die Tiere sind auf Nahrungssuche und durchwühlen den Erdboden sowie die Nestkuppel nach Ameisenbrut und Käferlarven.

Die Wildschweine haben den Kokon einer Rosenkäferlarve freigelegt. Der Rosenkäfer legt seine Eier auf Ameisenhügel. Die daraus schlüpfenden Engerlingslarven graben sich in den Hügel ein und bauen sich aus Speichel, Pflanzenmaterial und Erde einen Kokon. Sie ernähren sich vom pflanzlichen Material im Hügel. Aufgrund ihrer Größe sind die ausgewachsenen Engerlinge sehr nahrhaft und bei Wildschweinen und anderen Waldtieren eine begehrte Beute.

Beim Angriff wurden auch mehrere Kammern mit Ameisenlarven freigelegt. Fliehende Arbeiterinnen heben die Larven auf und bringen sie schnell in Sicherheit.

8.2 Verteidigung des Nestes

Ein Frischling hat einen Engerling gefunden und verzehrt ihn. Währenddessen greifen die Arbeiterinnen gemeinsam die Wildschweine an und versuchen sie zu vertreiben.

Ein Teil der angreifenden Arbeiterinnen sucht den Nahkampf. Sie klettern auf die Wildschweine und suchen nach ungeschützten Körperregionen ohne Fell. Anschließend verbeißen sie sich in die Haut und spritzen Ameisensäure in die Wunden.

Ein anderer Teil der Arbeiterinnen greift aus der Entfernung an. Sie nehmen ihre Drohhaltung ein und verspritzen über mehrere Zentimeter hinweg Ameisensäure auf die Wildschweine. Der intensive Geruch der Ameisensäure lockt weitere Ameisen zur Kampfstelle.

Die Ameisensäure hat einen stechenden Geruch und reizt die Augen sowie die Schleimhäute der Nase und des Mundes. Diese Wirkung verstärkt sich durch die Vielzahl der Arbeiterinnen, die Ameisensäure verspritzen.

Obwohl die Ameisen den Wildschweinen nicht ernsthaft schaden können, ist die Wirkung der Ameisensäure ausreichend lästig, um die Angreifer zu vertreiben.

Während ein Teil des Ameisenvolks kämpft, beginnen andere Arbeiterinnen mit der Reparatur des Nestes und versuchen verstreutes Baumaterial wieder zusammenzutragen.

8.3 Erkundung der Umgebung

Der Angriff der Wildschweine hat ein stark beschädigtes Ameisennest hinterlassen. Das Ameisenvolk muss nun versuchen, das Nest in Stand zu setzen oder einen neuen Nistplatz zu finden.

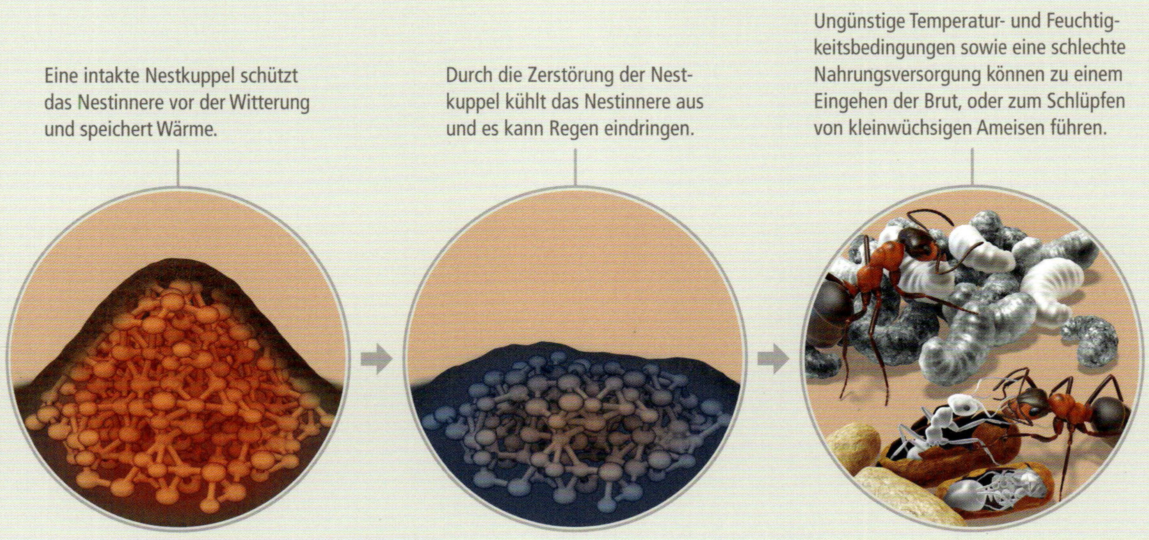

1 Die Zerstörung der Nestkuppel hat zur Folge, dass das Nest auskühlt und die inneren Kammern ungeschützt der Witterung ausgesetzt sind. Für die Ameisenbrut stellt dies eine große Gefahr dar, denn das Nest stellt nicht mehr die idealen Umweltbedingungen für ihre Entwicklung bereit. Hinzu kommt, dass ein großer Teil der Bevölkerung mit der Reparatur des Nestes beschäftigt ist. Es wird also weniger Nahrung ins Nest gebracht.

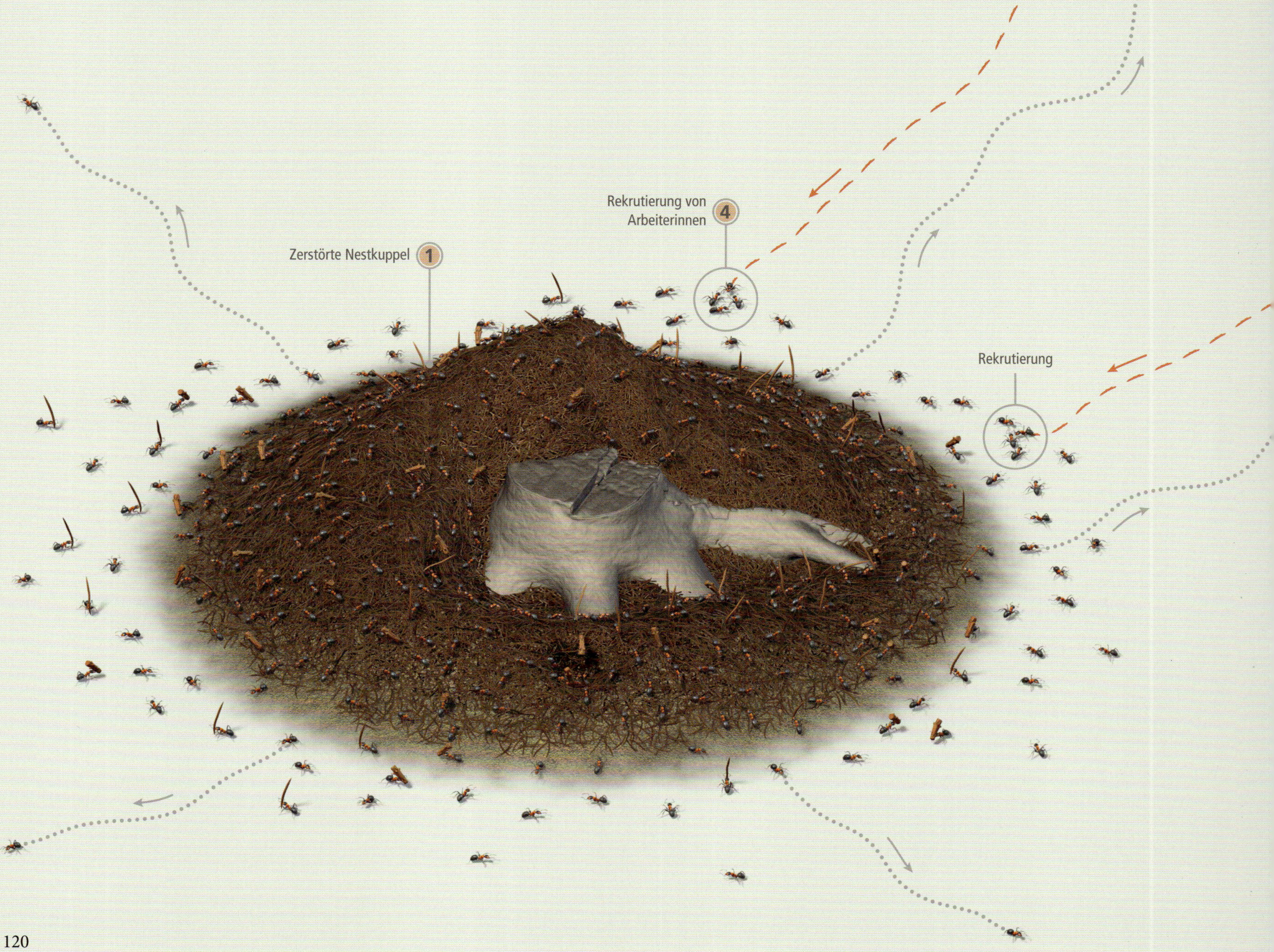

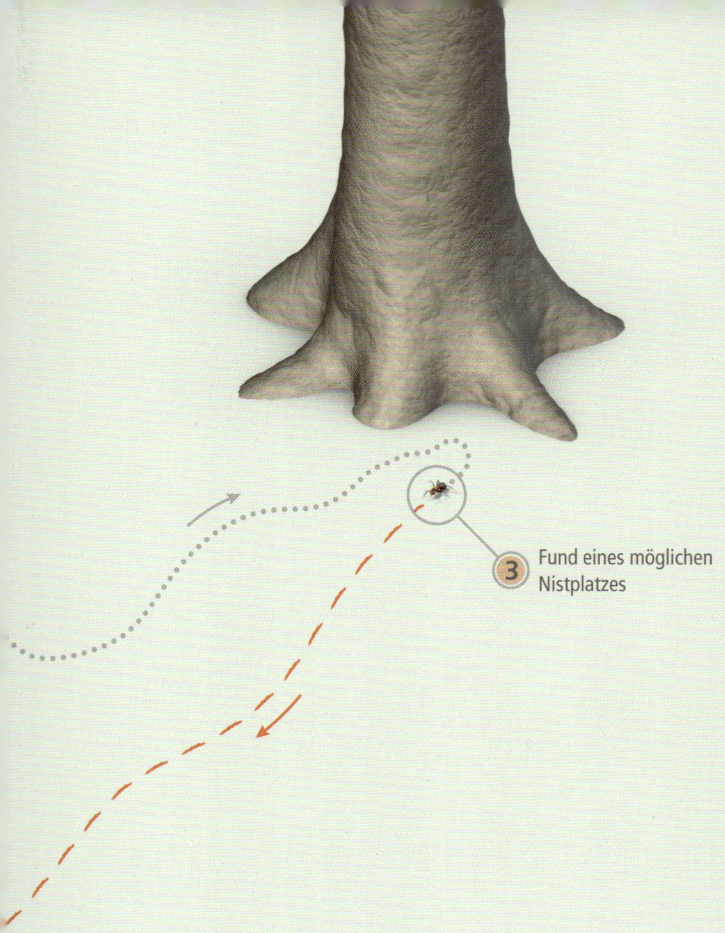

2 Wenn das ursprüngliche Nest keine günstigen Lebensbedingungen mehr bietet, schwärmen Kundschafterinnen in alle Richtungen aus und suchen nach möglichen Standorten für ein neues Nest.

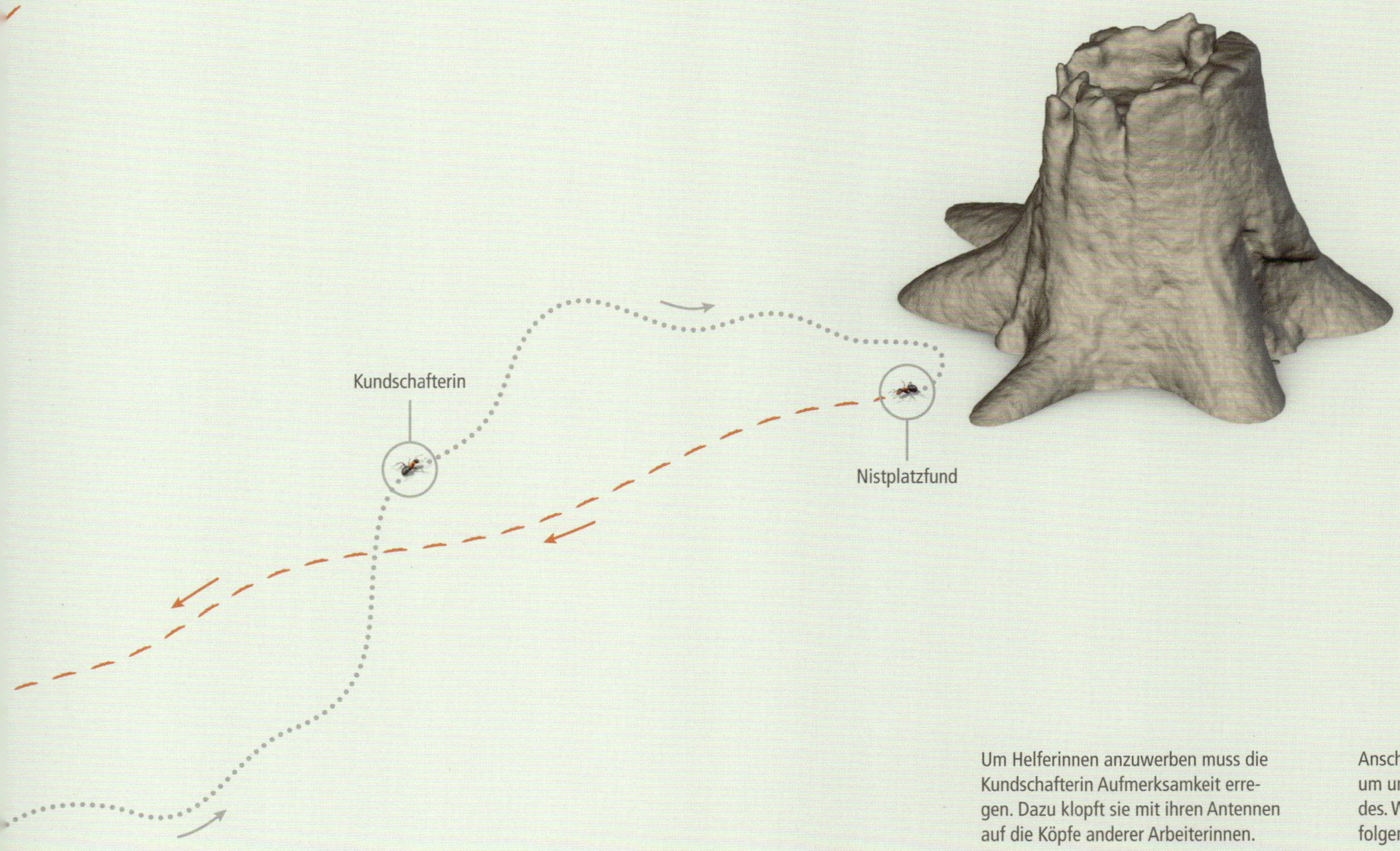

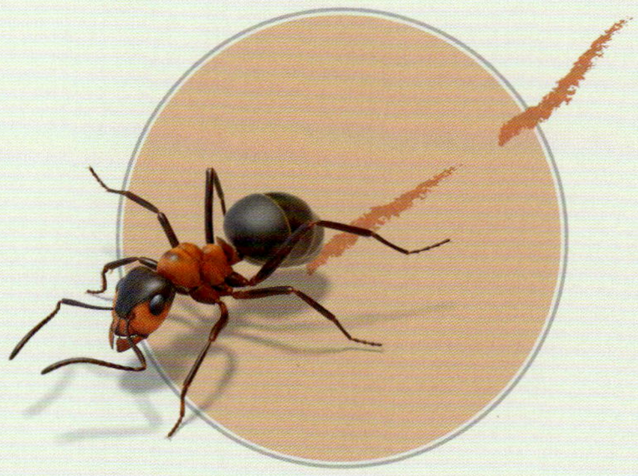

3 Die Kundschafterinnen sind auf zwei potenzielle Standorte gestoßen. Ideal sind relativ trockene Standorte ohne Staunässe, an denen es weder zu kalt noch zu warm wird. Daher bevorzugen die Kundschafterinnen den Halbschatten an Waldrändern oder auf Lichtungen. Zudem muss ein Strunk oder Baum als künftiges Nestzentrum vorhanden sein. Anschließend kehren die Kundschafterinnen um und hinterlassen auf dem Rückweg eine Duftspur.

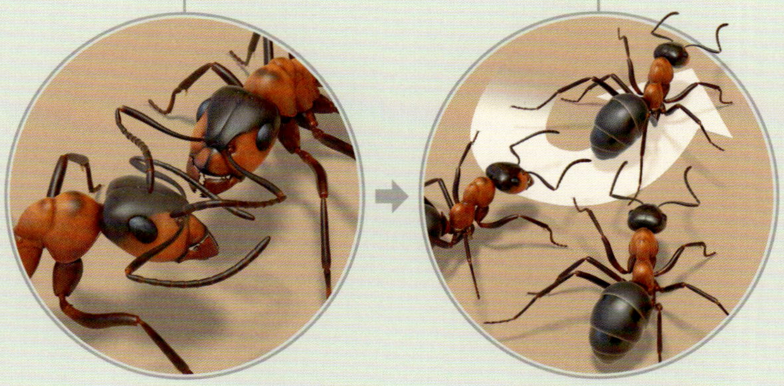

4 Am Nest angekommen werben die Kundschafterinnen um Helferinnen und führen sie zu den potenziellen Nistplätzen. Beurteilen die angeworbenen Arbeiterinnen die Nistplätze als geeignet, kehren sie zum Nest zurück und rekrutieren weitere Arbeiterinnen.

8.4 Alternative Nistplätze

Die Arbeiterinnen an den potenziellen Standorten bereiten den Nestbau vor. Zu beiden Orten beginnt ein Teilumzug des Ameisenvolks.

Um den Transport einer Nestgefährtin einzuleiten, nähert sich eine Trägerin der zu transportierenden Arbeiterin von vorn. Sie packt sie an den Mandibeln und zerrt sie ein Stück rückwärts.

Anschließend dreht sich die Trägerin mit der Arbeiterin um 180°. Während der Drehung legt die getragene Arbeiterin die Beine an.

Die getragene Arbeiterin hat eine zusammengerollte Körperhaltung eingenommen. Auf diese Art kann sie leicht transportiert werden.

(1) Und so läuft der Teilumzug ab: Die älteren erfahrenen Arbeiterinnen tragen die jungen unerfahrenen Arbeiterinnen zu den neuen Standorten. Am Ziel werden die getragenen Arbeiterinnen abgesetzt und die Trägerin kehrt ins alte Nest zurück, um weitere Nestgefährtinnen zum neuen Nest zu tragen.

② Zu beiden Standorten bilden sich Karawanen, auf denen Jungarbeiterinnen mit gefülltem Kropf und Brut unterschiedlichen Stadiums transportiert werden. Die Wanderungen erreichen bei warmen Temperaturen am Mittag ihren Höhepunkt. Auf dem Weg sind die Ameisen Fressfeinden ausgeliefert, sodass der Umzug viele Verluste fordert.

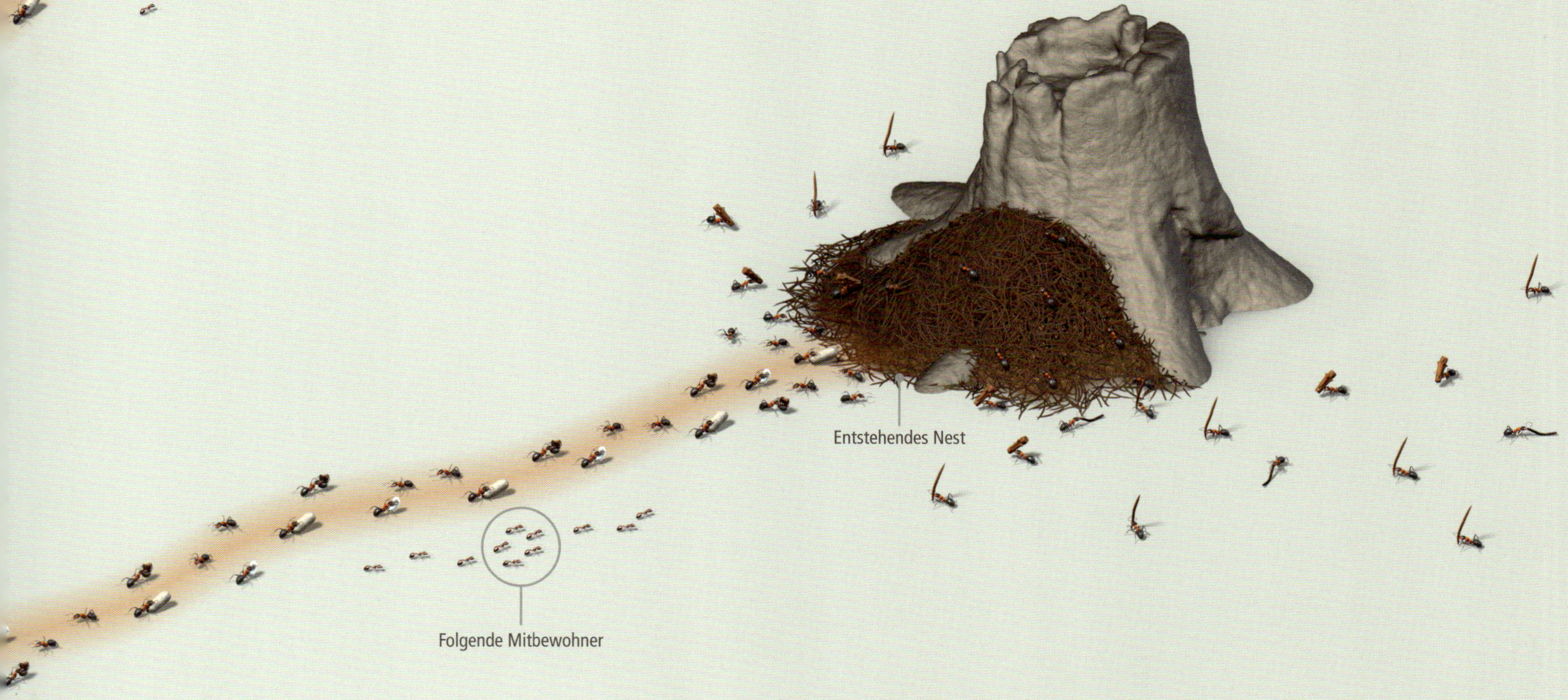

③ Einige Mitbewohner im Waldameisennest, wie die Gastameisen *(Formicoxenus nitidulus)*, sind in der Lage, die Duftspuren der Waldameisen wahrzunehmen. Sie folgen den Karawanen ihrer Wirte zu den neuen Standorten.

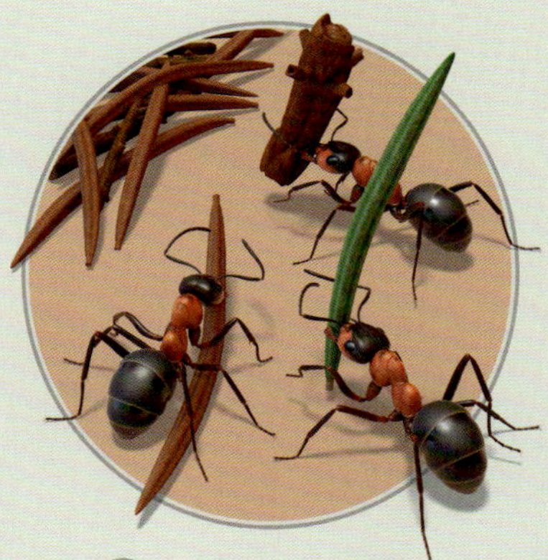

④ An beiden Standorten steigt die Anzahl Arbeiterinnen. Sie beginnen mit den Vorbereitungen für die Errichtung neuer Nester. Sie graben Gänge in den Untergrund und tragen Baumaterial für die Nestkuppel zusammen.

8.5 Umzug des Volkes

Das Ameisenvolk verfügt nur über eine Königin. Es muss daher einen der beiden Standorte für die Besiedlung auswählen. Ist die Entscheidung gefallen, entsteht dort der neue Nestbau.

(1) Die Bevölkerung an den beiden neuen Standorten wächst nicht gleichmäßig. Ein Standort ist attraktiver und lockt mehr Arbeiterinnen an. Sobald die Bevölkerung an diesem Standort eine gewisse Schwelle übersteigt, wird auch die Königin dorthin getragen.

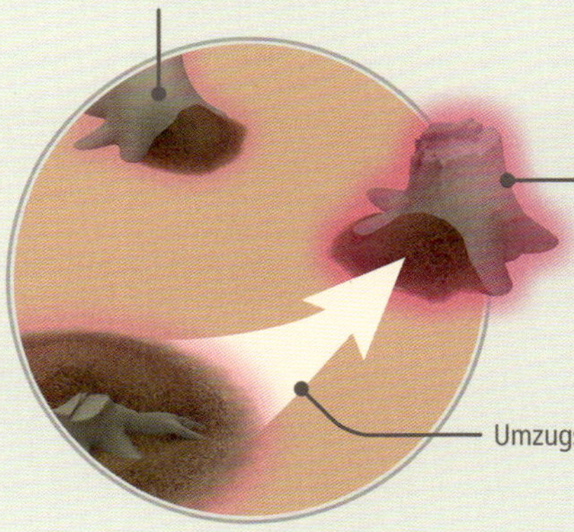

(2) Durch die Anwesenheit der Königin und ihres Duftes erhöht sich die Attraktivität des Standorts. Der Umzug verlagert sich zu diesem Standort und die gesamte Bevölkerung zieht in einer großen Karawane dorthin um.

(3) Nachdem sich das Ameisenvolk für einen Standort entschieden hat, werden die Bauarbeiten am alternativen Standort und am alten Nest aufgegeben. Die Arbeiterinnen schließen sich dem Umzug zum neuen Nest an. Ohne Pflege verfallen die unbewohnten Nester rasch und werden von Pilzen überwuchert.

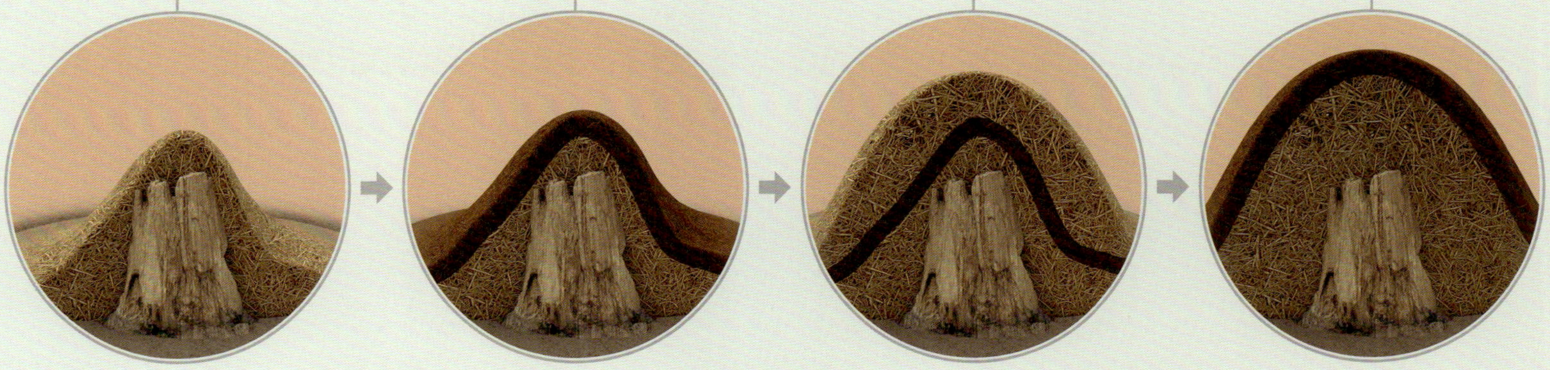

(4) Die Bauarbeiten am neuen Nest sind in vollem Gange. Zunächst entsteht eine kleine Nestkuppel. Diese wird anschließend in mehreren Arbeitsphasen vergrößert, bis sie annähernd die Größe der alten Nestkuppel erreicht. Weil der Umzug unter den Arbeiterinnen viele Verluste gefordert hat, verlaufen die Bauarbeiten zunächst langsam. Bis das Ameisenvolk die Verluste ausgleicht und ihr Nestbau seine alte Größe erreicht, kann es mehrere Jahre dauern.

Literaturverzeichnis

Fachbücher

- Konrad Dettner, Werner Peters (Hrsg.), „Lehrbuch der Entomologie – Teil 1“, 2. Auflage, Spektrum Akademischer Verlag, 2010
- Konrad Dettner, Werner Peters (Hrsg.), „Lehrbuch der Entomologie – Teil 2“, 2. Auflage, Spektrum Akademischer Verlag, 2010
- Klaus Dumpert, „Das Sozialleben der Ameisen“, 2. Auflage, Verlag Paul Parey, 1994
- Johannes Gepp, „Ameisenlöwen und Ameisenjungfern“, 3. Auflage, Westarp Wissenschaften-Verlagsgesellschaft, 2010
- Karl Gößwald, „Die Waldameise – Biologie, Ökologie und forstliche Nutzung – Band 1“, AULA-Verlag, 1989
- Karl Gößwald, „Die Waldameise – Biologie, Ökologie und forstliche Nutzung – Band 2“, AULA-Verlag, 1990
- Karl Gößwald, „Organisation und Leben der Ameisen“, Wissenschaftliche Verlagsgesellschaft, 1985
- Stefan Heimer, „Wunderbare Welt der Spinnen“, Urania-Verlag, 1988
- Bert Hölldobler, Edward O. Wilson, „The Ants“, The Belknap Press of Harvard University Press, 1990
- Walter Kirchner, „Die Ameisen – Biologie und Verhalten“, 3. Auflage, Verlag C.H.Beck oHG, 2014
- Pia Korsholm, Herbert Oetzmann, „Wie die Ameisen miteinander leben“, Quelle & Meyer, 1982
- James L. Nation, „Insect Physiology and Biochemistry – Second Edition“, CRC Press, 2008
- Dieter Otto, „Die Roten Waldameisen“, 3. Auflage, Westarp Wissenschaften-Verlagsgesellschaft, 2005
- Franz R. Schmid, „Wunderwelt der Ameisen“, 3. Auflage, Parkland Verlag, 1992
- Heribert Schmid, „Wie Tiere sich verständigen“, Ravensburger, 1979
- Wolfgang Schwenke, „Ameisen – Der duftgelenkte Staat“, 2. Auflage, Landbuch-Verlag, 1996
- Beat Wermelinger, „Insekten im Wald – Vielfalt, Funktionen und Bedeutung“, Haupt Verlag, 2017

Wissenschaftliche Arbeiten

- Johann Ambach, „Hügelbauende Waldameisen (Formica rufa-Gruppe) – Ein aktueller Überblick“, Denisia, Bd. 25, S. 93-106, 2009
- Tomer J. Czaczkes, Christoph Grüter und Francis L. W. Ratnieks, „Negative feedback in ants: crowding results in less trail pheromone deposition“, Journal of the Royal Society Interface, Volume 10, Issue 81, 06. April 2013
- Adrian J. Denny, Jonathan Wright und Ben Grief, „Foraging efficiency in the wood ant, Formica rufa: is time of the essence in trail following?“, Animal Behaviour, Volume 61, Issue 1, pp. 139-146, July 2001
- Christian Dietrich und Erich Steiner, „Das Leben unserer Ameisen – ein Überblick“, Denisia, Bd. 25, S. 7-36, 2009
- Berthold Hölldobler, „Das soziale Verhalten der Ameisenmännchen und seine Bedeutung für die Organisation der Ameisenstaaten: (Untersuchungen an Camponotus herculeanus L., C. ligniperda Latr. und Formica polyctena Foerst)“, Julius-Maximilians-Universität Würzburg, 1965
- Rudolf Jander, „Die optische Richtungsorientierung der Roten Waldameise (Formica rufa L.)“, Zeitschrift für vergleichende Physiologie, Bd. 40, S. 162-238, 14. April 1957
- Randolf Menzel, „Feinstruktur des Komplexauges der Roten Waldameise, Formica polyctena (Hymenoptera, Formicidae)“, Zeitschrift für Zellforschung und Mikroskopische Anatomie, Bd. 127, Nr. 3, S. 356-373, September 1972
- Lars Reinhardt, „Dynamik und Kinematik der Lokomotion von Formica polyctena“, Friedrich-Schiller-Universität Jena, 2014
- Thomas Schmickl, „Schwarmintelligenz am Beispiel der Ameisenstraßen“, Denisia, Bd. 25, S. 141-155, 2009
- F. Walter, D. J. C. Fletcher, D. Chautems, D. Cherix, L. Keller, W. Francke, W. Fortelius, R. Rosengren und E. L. Vargo, „Identification of the Sex Pheromone of an Ant, Formica lugubris (Hymenoptera, Formicidae)“, Naturwissenschaften 80, pp. 30-34, 1993
- Rüdiger Wehner, „Der Himmelskompaß der Wüstenameisen“, Spektrum der Wissenschaft, S. 56-67, November 1998
- Manfred Zahn, „Temperatursinn, Wärmehaushalt und Bauweise der Roten Waldameisen (Formica rufa L.)“, Duncker & Humblot, 1957

Zum Autor

Armin Schieb studierte Illustration mit dem Schwerpunkt Informative Illustration an der HAW Hamburg. Das Buchprojekt entstand als Abschlussarbeit seines Masterstudiums. Heute arbeitet er als freier Illustrator in Hamburg. Sein Interesse gilt besonders wissenschaftlichen, technischen und phantastischen Themen.

Ameisen interessieren ihn wegen ihres vielschichtigen Soziallebens, ihrer Kooperation bei der Lösung komplexer Aufgaben und nicht zuletzt auch wegen ihrer Wechselbeziehung zur Umwelt. Zunächst sollte die Arbeit von Armin Schieb das Thema Schwarmintelligenz beinhalten. Bei seiner Recherche entdeckte er in einer „National Geographic"-Ausgabe eine Fotoreportage über südamerikanische Treiberameisen. Darin wurden die Ameisen aus nächster Nähe bei ihren sozialen Tätigkeiten gezeigt. Diese Reportage beeindruckte ihn so sehr, dass er beschloss, die Schwarmintelligenz anhand von Ameisen zu illustrieren. Als Ameisenart wählte er die Rote Waldameise. Diese Ameise konnte er vor Ort in der Natur beobachten und dabei eigenes Anschauungsmaterial sammeln.

Auf der Basis eigener Skizzen, selbst angefertigter und gesammelter Fotos sowie wissenschaftlicher Darstellungen baute Armin Schieb digitale 3D-Modelle der Ameisen, ihres Nestbaus und anderer Bildmotive. Anschließend arrangierte er die Modelle am Computer zu Szenerien und setzte sie mittels einer realistischen Ausleuchtung atmosphärisch in Szene.

Ein wichtiges Anliegen bei der Gestaltung des Buches ist eine glaubhafte Darstellung der Ameisen und ihrer Umgebung. Das Buch soll den Betrachter mit den unscheinbaren und fremden Tieren vertraut machen. Es ist Armin Schieb sehr wichtig, dass die Ameisen als Tiere wahrgenommen werden. Aus diesem Grund verzichtet er bewusst auf eine bedrohliche Inszenierung. Sein Wunsch: Der Erfolg des Buches leistet einen Beitrag dazu, dass es beim Leser und Betrachter Interesse und Respekt für die Ameisen weckt, und er sie als schützenswerte Tiere betrachtet.